经典照亮前程

为树木发声

[加拿大] 黛安娜·贝雷斯福德-克勒格尔 / 著
金衡山 施晓蓉 / 译

Diana Beresford-Kroeger

To Speak for the Trees

My Life's Journey from Ancient Celtic Wisdom to a Healing Vision of the Forest

华东师范大学出版社
-上海-

图书在版编目（CIP）数据
为树木发声 /（加）黛安娜•贝雷斯福德-克勒格尔著 ；金衡山，施晓蓉译.
-- 上海 ：华东师范大学出版社，2024
（献礼大地）
ISBN 978-7-5760-4890-2
Ⅰ. ①为… Ⅱ. ①黛… ②金… ③施… Ⅲ. ①森林—普及读物 Ⅳ. ①S7

中国国家版本馆CIP数据核字(2024)第070725号

为树木发声
著　　者 [加] 黛安娜•贝雷斯福德-克勒格尔
译　　者 金衡山　施晓蓉
责任编辑 乔　健　梁慧敏
审读编辑 许　静
特约编辑 上海七叶树文化发展有限公司
责任校对 时东明　姜　峰
装帧设计 姚　荣

出版发行 华东师范大学出版社
社　　址 上海市中山北路3663号　邮编　200062
网　　址 www.ecnupress.com.cn
电　　话 021-60821666　行政传真　021-62572105
客服电话 021-62865537
门　　市 （邮购）电话　021-62869887
地　　址 上海市中山北路3663号华东师范大学校内先锋路口
网　　址 http://hdsdcbs.tmall.com

印 刷 者 上海中华印刷有限公司
开　　本 850×1168　32开
印　　张 8.00
字　　数 191千字
版　　次 2024年7月第1版
印　　次 2024年7月第1次
书　　号 ISBN 978-7-5760-4890-2
定　　价 79.00元
出 版 人 王　焰

为树木发声

我的生命之旅——从古代凯尔特智慧到森林的疗愈景象

致我的基拉尼罗斯城堡的祖先们，他们曾生活在拉卡瓦恩和利辛斯山谷。你们赋予了我最伟大的礼物——智慧。

布列汉

爱尔兰乡村

早已被诗歌安抚入眠。

很久、很久以前。

大地在低语。

柔和的田野缓慢流动，如梦如幻，

野兔跳跃，长尾草摇曳；

紫色的石南花遍布山峦，

荆豆花黄得耀眼，

惹得狐狸兴奋地撒欢。

森林的言语，

经历了风雨的摧残，

在聒噪的云天

和吞噬大海的声音之间。

月亮之轭将守护“自由的法律”，

一次，又一次，

将我们指引向

布列汉。

中文版序

我年幼时即失去了双亲，书籍和诗歌便成了我的伴侣。我遨游在帕特里克舅舅的图书馆里，那里藏有一万多本初版的图书。这改变了我的想象力。它教会我，我可以用想象遨游天下，寻访人与习俗，在那里，古老的生活方式依旧留存。世界本身成为了我关注的对象。我在乡村，与来自母亲这边的著名家族的亲人们一起度过了许多个夏天，他们锻造了我，让我成为了命运之子。我从他们那里继承了让心灵得以成长的宝藏：浸润着我祖先们古老的凯尔特智慧的教育，这种智慧也曾穿越空间连绵延伸至亚洲中部。

来自大地的孩子们必须回到学校。他们必须学会至关重要的一课：自然必须受到保护和尊重。我们现行的消费社会终将破坏并毁灭这个行星，这可是我们共有的家园。我们的大气中充满了有害的二氧化碳，令人窒息。全球范围内有太多的树木已经被砍伐。它们是绿色的分子机器，在土壤的滋养下，产生氧气——我们的生命之源。为了阻止气候变化的灾难，地球上的每个人必须在未来六年内每年种植一棵树，这可以阻止碳的排放，新生的森林将限制碳排放。

中国拥有非凡的植物群落和生物多样性。中医就依赖于本土的药材。就树种而言，有六个种类将会扩展亚洲的森林系统。首先是水杉（*Metasequoia glyptostroboides*），又被称为落叶黄杉。这种树是美国加利福尼亚红杉林的姐妹树。树冠产生 α- 和 β- 蒎烯，对人类所患的癌症起到抵御作用。接下来是中国山核桃（*Carya cathayensis*），其果仁中的生物化学物质被称为脂肪酸，可以保护大脑和它的信息传递功用。它还是一种抗饥馑树。美丽并具抗病功效的银杏（*Ginkgo biloba*）因其药用价值而成为中国的传奇树种。然后是坚韧耐寒的中国栓皮栎树（*Quercus variabilis*），它可以吸收大气中的二氧化碳来形成其软木覆盖层。中国的垂柳（*Salix babylonica*）是可用作森林浴的树木，可以缓解我们这个世界中的年轻人的焦虑。最后一种是中国冷杉（*Abies delavayi*），产于云南西部。这种树有灵活的基因组，可以保持湖泊、河流和溪流的水质清洁。

地球将我们所有人都送回了学校。这次我们都在同一个教室里学习新的东西。我们必须关注，因为我们所有人，无论贫穷或富有，都在同一条船上。没有第二次机会来阻止这场气候危机，我们必须从今天开始行动。

黛安娜•贝雷斯福德-克勒格尔

2024年3月

目 录

引　言

我一直觉得，回想自己的人生经历是非常艰难的事情，更不用说把它讲给别人听了。童年时，我曾遭受巨大创伤。为了保护我自己，我承受下痛苦，并将其埋在脑海最深处。我把它隐藏得无影无踪，从而让我自己能够正常生活。在我的整个科学教育和数十年的研究生涯中，我的眼睛一直盯着前面看，不断地提出下一个问题、寻找下一个答案、理解下一件事情、获得下一个智慧。

但是如果没有这个创伤，今天的我可能也就不是这个样子了。在我十三岁那年，它引导着我一步一步来到了爱尔兰科克郡一个叫利辛斯山谷[①]的地方，它是凯尔特文化[②]的最后堡垒之一。我来到利辛斯山谷，迫切需要什么东西来支撑我，就像这个地方自身也需要支撑一样，因为它正在分崩离析。往昔古老的德鲁伊

① 利辛斯山谷（Lisheens Valley），位于爱尔兰科克郡，是一个美丽的山谷，有茂密的绿色田野、蜿蜒的河流和高耸的山脉，是远足、钓鱼和骑马的热门地点，也是众多考古遗址的所在地。
② 凯尔特（Celtic）文化，凯尔特人是起源于中欧的一群印欧部落。凯尔特文化指凯尔特人的独特文化和历史遗产，其历史悠久且多元化，影响着欧洲的多个地区，包括爱尔兰、苏格兰、威尔士、康沃尔、布列塔尼（法国）以及西班牙和葡萄牙的部分地区。

知识[①]和布列汉法[②]——这些知识曾被保护、完善、代代相传了几千年，现在却濒临失传。但是，这些知识被传授给了我，它们让我懂得植物的疗愈力量和自然界的神圣本质。这是我迄今为止收到过的最好的礼物。

这份礼物给我时的唯一要求是，我不能把它独自留给自己。尽管在我五十年的科学研究生涯中，我自由地分享过我的思想和发现，但对关于我自己那个部分的故事总是有所保留，有时甚至连我自己都看不清整个画面。

现在我们处在一个特殊的时期。一方面，气候变化对我们的星球构成了人类所面临的最大威胁；另一方面，我们比以往任何时候都更有能力应对这个挑战。然而，为了应对气候变化，我们需要像古人一样了解自然界。我们需要了解森林这座圣殿为我们提供的一切，其中包括一种拯救世界的方法。

我们都是森林之子。就像树木一样，在我们的记忆遗传中保留着过去的历史，因为树木就是我们内心深处那个“内在小孩”[③]的父母。每当我们走进森林，我们就会感觉到这种共享的历史变得活灵活现，在这里，壮丽的大自然用一种超乎我们想象的声音

① 德鲁伊知识（knowledge of the Druids），指来自德鲁伊学者的知识。他们是古代凯尔特社会中的一群祭司、宗教领袖和学者，备受尊敬，在部落中拥有权力和影响力。他们没有留下书面记录，许多关于他们的知识都来自于同时代希腊和罗马人的记载。

② 布列汉法（Brehon Laws），是中世纪早期爱尔兰日常生活的一套法律原则和习俗，布列汉在古代凯尔特爱尔兰指一位法官或立法者，布列汉法因而得名。布列汉法覆盖了广泛的主题，包括财产权、继承、婚姻和司法公正，一直沿用到 17 世纪，之后被英国政府正式废除。然而，其影响仍然可以在今天的爱尔兰法律传统和文化中看到。

③ 关于“内在小孩”（inner child），一般认为是来自心理学家荣格的阐述，每个人内在都有一个孩子存在，是生命源流的一部分。他认为我们每个人都有一个“集体无意识”，它包含了我们祖先的记忆和经历。这些记忆储存在我们的 DNA 中，可以通过梦、幻象和其他形式的意识转变来访问。“内在小孩”通常被视为我们创造潜力的象征。

呼唤着我们。即使是那些好几个月甚至好几年都没有接触树木的人们心中，与自然世界的联系也在那里，等待着被唤醒。

我希望通过讲述我的生命故事以及贯穿其中的树叶、根茎、枝干、树皮的故事，唤醒你的记忆。我想提醒你，森林远远不止是木材的发源地。它是我们所有人的药箱。它是我们赖以呼吸的肺。它是我们的气候和海洋的调节系统。它是我们地球的披风。它是我们子子孙孙的健康和福祉。它是我们的神圣家园。它是我们的救赎。

树木为我们提供了解决当今人类面临的几乎所有问题的答案，从抵御药物耐药性到阻止全球气候变暖，它们渴望与我们分享这些答案——即使我们无法听到或不愿意听到这些答案，它们依然在这样做。古人们曾经知道如何倾听。这是我们必须记住的一项技能。

第一部分

为树木发声

第一章

石头给我的安慰

我的哭石坐落在山谷最高的山肩上，指向蔚蓝的天空。这块石头远比我的头还要高，呈现为巨大的长方形状，除了在顶端的拐角处很久以前就已经有大块脱落外，其他部分都是平直的。它的表面被风化成了粗糙的波纹，中间被一些圆状青苔覆盖。这块石头是如此的大，足足相当于农舍厨房里沉重的桦木桌子的两倍，以至于从时间的角度来说，这上面发生的任何变化都过于缓慢，我都无法察觉出，这给了我一种我喜欢的稳定感。

我称它为“我的哭石”，因为当我感到格外孤独时，我会沿着山坡艰难地走到它的身旁。我从未真正哭过。我已经没有眼泪了。或者说，我把眼泪压了下去，从未注意到，实际上是因为我把它们整个儿吞了下去。我会坐在石头的底部，倚靠在它坚固的侧面，随时准备转到另一边去躲藏起来，如果山下有人叫唤我的话——这样的防御保护让我感到很放心，尽管并没有人叫唤过我。

我坐在那里，感受到大地的缓慢跳动，一种平静潜入我的身骨。在我下方是农舍，炊烟袅袅，再往前面，是我姑婆的农场，每块农田都有一个盖尔语[1]名字，像一首古老的歌曲。山谷两边是我们邻居的农场，一块一块地拼在一起，远看过去像是绿色的火焰在晃动。我可以看到海鸥展开翅膀在长满猫儿草的牧场上飞过，有时还能看到欧凡纳河（Owvane River），河中满是鲑鱼，河流从山谷中心欢腾着向西流入敞开双臂的班特里湾（Bantry Bay）。如果我转向北面，可以欣赏到大卡哈山（Caha mountains）高耸、沉静的轮廓，斑斓色彩照映在广袤的山脊上。库诺科·甫易（*Cnoc Buí*[2]）——黄色的山丘——被漫山遍野的黄花点亮，似乎随着荆豆花的摇曳在跳动。有时，我凝望着碧绿色的海面，阳光照射在海面上，如同金色的闪电一般，在静默的色彩交响乐中，来来去去，带给我无尽的遐思。也是从那个高点，实际上我可以看到整个地貌。过去三千年来，那块土地养育了我母亲的整个家族，滋养了他们的身心，使其得以延续。光线与云朵嬉戏，带着咸味的海风和雨水安抚着我。虽然我从未趴在我的哭石上，哭得昏天黑地，但我依旧是一个心里装满痛苦的孩子。

在那个我记忆犹新的夏日里，我攀爬到石头上，心中充满了对父亲的思念。我在最近失去了双亲，成了孤儿。我大部分的年少时光都感到孤独，与身边的人格格不入，国籍、宗教和阶级的不同只是其中的一小部分原因——我学会了与这种孤独的感觉共存。但是父母的离世给了我致命的打击，我不确定自己是否能从中恢复过来。数月过去了，我仍然感到麻木。每一天我都感受到失去他们带来的打击，仿佛天塌了，地陷了。我对父亲的悼念是

① 盖尔语（Gaelic），凯尔特语的一支，在爱尔兰、苏格兰等地使用。
② Cnoc Buí，爱尔兰语，意为“黄色山丘”，因其斜坡上生长着黄色荆豆花而得名。

持续不断的，失去他的痛苦让我有时感到无法呼吸。我生命的一个重要部分失去了，再也回不来了，死亡关上了一扇门。我只想变得微小，变成一个点，一个微小的点。也许，如果我屏住呼吸，我可以完全消失。

我蜷缩在石头底部努力求生。山谷下方的景象让我感到安全，同时又像一个微小的点，和那些下面的黑白奶牛一样小，它们慢悠悠地移动，粉红色的乳房左右摇摆。它们是心满意足的。

我也必须这样。随着我平静下来，我能够冷静地审视我的生活。

在我父亲的那一支，我是英国贵族的后裔，贝雷斯福德[①]家族树上最脆弱的一片叶子,这个显赫的家族历史上有过很多伯爵、领主和侯爵，等等。而在我母亲的那一边，我是爱尔兰人，与我面前的石南一样属于爱尔兰，是可以追溯到蒙斯特国王[②]的血统中最后一滴鲜活的血脉。我的双重血统引发了诸多憎恨，这是我一生都要承受的后果。作为贝雷斯福德家族中的女孩，我面临着长子继承权的严重阻碍。我无法从父亲的遗产中继承任何有价值的东西，除了我的血统和我的名字。我是一个混血儿，在英国人眼中太爱尔兰，在爱尔兰人眼中又太英国。在爱尔兰人眼中，我唯一的救命稻草是我是个女性，因此比男性更重要。

我担心父亲的家族会继续忽视我，就像自父亲去世以来他们所做的那样，一想起这些就让我陷入恐慌。但当我向着利辛斯山

① 贝雷斯福德（Beresford）家族是一个拥有悠久历史的英国名门望族。该家族在 15 世纪崛起，并在 18 世纪获封伯爵、侯爵，家族地位逐步提升。贝雷斯福德家族历史上产生了诸多重要的军事、政治人物。

② 蒙斯特（Munster）是从大约 4 世纪到 12 世纪统治爱尔兰西南部蒙斯特省的强大王朝，几百年来一直是爱尔兰最高王位的竞争者。12 世纪时被一群入侵爱尔兰的法国骑士诺曼人推翻。蒙斯特国王是艺术和学术的赞助人，他们创立了几座至今仍屹立不倒的修道院。

谷牧场的方向眺望时，那种感觉也随即消失了，我看到了爱尔兰乡村几平方英里的土地，接下来的十年，我要在那里度过每年的夏天。对于这片土地的人将如何引导我、塑造我，我没有一星半点的想法，也不存有任何的念头。我不知道我母亲家族的长辈们已经在皮尔森桥下会面过，讨论我的命运。我不知道他们已经决定赐予我他们古老的知识、他们的公开秘密，而这将拯救我的生命。或者他们打算让我成为他们的"命运之子"。在我倚在我的哭石上的那一刻，我唯一知道的是，我是微不足道的，被太多的死亡击垮，完全孤立无援。

我的父母是艾琳·奥多诺休（Eileen O'Donoghue）和约翰·利斯尔·德·拉波尔·贝雷斯福德（John Lisle de la Poer Beresford），他们在英国相遇，很可能是在第二次世界大战期间的伦敦，然后坠入爱河。作为一个孩子，尽管我很享受挖掘我周围所有人的浪漫经历，但从未有机会问过父母关于他们的爱情故事。我只知道一些零星的事情。其中之一是，我母亲身穿晚礼服，手臂上戴着银色真丝手套，上面镶有小粒珍珠和蓝宝石，她美得无法抗拒。有一次，在我年幼时，我被带到一个私人舞会上，看到她在舞池中翩然起舞。在场的每个人都惊诧于她的优雅和美丽。为什么一个男人会爱上像我母亲这样的女人，大体上而言，这并不难理解。

杰克，我的父亲，在所有方面都出类拔萃。他是伊顿男孩，曾受到过宫廷接见（在宫廷中被正式介绍）①，是威廉·贝雷斯福德勋爵的儿子；他与丘吉尔、斯宾塞家族以及其他英国上层社

① 原文为 presented at court，受到过宫廷接见（在宫廷中被正式介绍），指的是将年轻人正式介绍给君主和其他王室成员。这是一个始于 16 世纪的传统，被认为是将年轻人介绍给上流社会和政界的方式。仪式通常在白金汉宫举行。年轻人需要由王室成员或其他高级官员赞助，然后按要求着正装并遵守一套严格的规则和礼仪。

会的人都有亲戚关系。他过着 20 世纪早期最理想的令人艳羡的生活方式，仅这一点就足以引起女性的兴趣，而且他还是一个迷人、有教养的人。即便是我母亲在利辛斯山谷的家人，谈起他来，也流露出某种程度的嫉妒和喜爱，尽管另一方面忌惮于他在那些信奉新教的英国 - 爱尔兰精英中的显赫地位（尽管他的身份属于新教盎格鲁 - 爱尔兰精英阶层）。他是一位语言学家，能流利使用十三种语言，包括三种阿拉伯方言，他还在剑桥大学任教。他个子高大，戴着单片眼镜，现在说起来可能显得有些傻气，但我认为跟他很般配。

我母亲皮肤白皙，这让她的脸庞看起来很是柔和、纤弱，但实际上她充满活力和冒险精神。她博览群书，性格外向，可以主宰一整个房间的人，只要她愿意这么做的话。她喜爱运动，是一位出色的骑手，在她孩提时代就每天骑马上学。她的身上有一种十足的野性，并且能够与动物、特别是与马及其同类建立非同寻常的联系，这两种特质在我最喜欢的一个关于她的故事中同时得到了体现。据说当她还是个小孩子的时候，曾成功将一头驴弄到学校屋顶上。没有人知道她是如何做到的，故事也就这样传开了，而她从未透露过实情。

她的父母都未能活着看到她嫁给一位英国贵族，但像她那些还活着的亲戚一样，他们会将其视为一种叛逆行为，只会使家人不睦。相比之下，我父亲的家族更倾向于沉默的评判方式。

尽管我们后来生活在英格兰的贝德福德（Bedford），在那里度过了我一生中的早年时光，但我出生于伊斯灵顿（Islington），属于大伦敦区域的一部分，那是 1944 年的夏天。我最早的记忆是关于吃母亲的奶。我记得母亲的乳头碰到我上颚的顶部，我立刻陶醉其中，然后酣然入睡。很多年来，我对那一时刻一直记忆犹新，可能是因为它给了我最简单的愉悦和满足。但更有可能的是，之所以一直保有这个记忆，是由于我与我母亲真正有联结的时刻是如此之稀少。

在我两三岁的时候，我的父母开始定期前往爱尔兰，拖带着我就像拉着一件行李。环游世界和在乡村度过夏天是他们这个阶层的人的惯例。尽管他们的跨文化婚姻冒犯了一种禁忌，而我母亲又有叛逆的倾向，但总体上，我父母的行为符合大家的期待。然而，有一点，我母亲拒绝妥协：她坚持每年都带着我去爱尔兰拜访我们的祖先之地，尽管这有违我那个合乎体统的英国父亲身上体现的循规蹈矩的英国人的愿望。

我们俩会驱车前往凯里郡 (Kerry) 和科克郡 (Cork) 的边界，在那里我们会放慢速度，以示虔诚，沿着狭窄的道路前往凯马尼希山口（the Pass of Keimaneigh）。山口在顶点最终穿过岩石，山峰几乎在我们头顶上相接。就在这里，我母亲停下车，我们下车，仰望似乎仅仅由一丛石南固定住的巨石——这些石南似乎因为过于用劲而憋得发紫——眼里充满敬畏。在山口两侧的黑石上，两股溪流奔腾而过，哗哗作响，我母亲会提高声音告诉我一个传说，讲述在宗教迫害时期[①]，一位教士如何利用这个山口大胆出逃的故事。英国占领者在爱尔兰实施宗教迫害刑法长达五百年，一直到 1916 年，将很多事情列为非法，其中包括禁止任何“天主教徒”办学或教授儿童。这位教士则不仅让当地的孩子们受教育，而且

① 宗教迫害时期（Penal Laws），又称刑法时期。16 世纪和 17 世纪，英国政府实施了一系列严苛的法律和法令，旨在压制爱尔兰的天主教徒和其他非英国教派，以巩固英国在该地区的统治。天主教徒被禁止担任公职、拥有土地、投票、从事法律工作，并被限制将子女送到高等学府接受教育。他们还被征收高额的税收，并很难结婚或拥有财产。

在公开场合办学，这些学校被当地人称为“篱笆学校”。他派出一些人做侦察，时刻警惕着麻烦事的发生。他面临监禁或更严厉的惩罚，被骑马的英国士兵和他们的狗追逐，但他在山口顶端的隘口一跃而过，成功逃脱了追捕。

我们在古根巴拉[①]停歇一会儿，在那些僧侣们曾居住过的洞穴中做一阵冥想，然后我们静静地踏入了圣芬巴尔礼拜堂[②]所在的神圣小岛。

然后，我们向西北方向穿越科克郡前往凯里郡，最终来到了家族发源地的罗斯城堡[③]。城堡坐落在洛赫莱恩湖畔（Loch Léin），而此湖是基拉尼山谷的三个湖泊中最大的一个。从车上下来后，我母亲会点上一支香烟，她抽的是舞德邦牌烟（Woodbine），她吸入一口，吐出一缕烟雾，一边弯下身子整理她那来自巴黎的套装裙摆。她小心翼翼地绕过泥坑，审视着城堡，仿佛她是一个潜在的买家。她的目光越过城堡的顶部，城堡的屋顶已经被拆除，只剩下露天的结构，那是因为在迫害时期，为了降低租金的缘故。那边还有一头母猪躺在一面石墙旁，边上是一窝粉色的嗷嗷待哺的小猪。她熄灭烟蒂，转身回到车上，扔下一句挖苦的话：“屋顶还没修好。”

这些朝圣之旅证明了我母亲无法完全抛开她的爱尔兰传统，她仍然感受到那些古老地方的吸引力，以及一种让我与我们的过

① 古根巴拉（Gougane Barra），是爱尔兰科克郡谢希山脉（Shehy Mountains）的一个风景秀丽的山谷和古迹。
② 圣芬巴尔礼拜堂（St. Finbarr’s Oratory），位于爱尔兰科克郡古根巴拉湖中一个小岛上，传说由科克县的守护神圣芬巴尔于公元 6 世纪建造。它是一座简单的石头建筑，内部非常简陋，但不妨碍它成为一个受欢迎的朝圣地，因为据说它有奇迹般的力量。
③ 罗斯城堡（the Castle of Ross），由作者先祖奥多诺休家族于 12 世纪建造。现在是一座废弃的城堡，也是一个受欢迎的旅游目的地。

去产生联结的责任感。然而，除此之外，在其他几乎所有地方，她对其祖辈的文化和信仰都不以为然，认为它们落后而且充满迷信。她期望我能成为一个有魅力且被我父亲的家族接受的女人，然后能够嫁得好就可以了。这以外，她希望我保持沉默，不要给她带来任何麻烦。这也是我尽力做到的，尽我所能按照她的期望行事。

在我七岁时，我的父母大吵了一架并分居了。我父亲留在英国，而我和母亲搬到了爱尔兰科克郡贝尔格雷夫广场（Belgrave Place）五号的一座高大的佐治亚式房子里。对于这个变化或我父亲突然的缺席，没有人给过我任何解释；他就这样从我们身边消失了。这种缺乏沟通不只是发生在我们家的事。在那个地方，在那个时代，特别是在那个社会阶层中，孩子们只是附属物，没有人会考虑他们的情感。但我父亲突然从我的生活中消失对我来说是一个深深的创伤。他是一个沉默寡言的人，从不直接告诉我他爱我，但他用他的沉默的方式让我感受到了他的爱。他会给我画肖像画（他画的一幅我的肖像油画仍然挂在我客厅里）。我还记得我很小的时候听他弹钢琴。他会在演奏中停下来，亲切地叫我走到琴凳旁，把我抱在他腿上。然后他会把我的手放在他的手上。我的手太小，无法跟随他手指的动作，但他希望我能感受到他演奏的那首曲子的节奏。我还记得在我们在贝德福德的家里，他把我抱起来放到他的鞋上——我的两只脚踩在他的脚上——和我一起跳舞。

在贝尔格雷夫广场的房子里，我们与我母亲的两个兄弟姐妹住在一起。我的舅舅帕特里克曾经是一位著名的运动员，在整个爱尔兰以长跑选手和曲棍球运动员“洛基·多诺休（Rocky

Donoghue）”而闻名。他终生未娶，在城市的煤气厂担任化学检验员。我的姨妈比迪在幼年时摔断了背，这使她成为一个病弱的人。她经常住院，一年大概要三次，并且行走有困难。比迪对我很好。她说话温柔，并且关心我。我也开始深深地爱她，并尽我所能照顾她。我记得我把整本《简·爱》读给她听，一遍又一遍，读了好几遍。帕特舅舅似乎有点漠不关心——不是说残忍或者是冰冷，他偶尔还愿意聊上几句，但他只关注自己的事情，对一个孩子的想法或需求没有太多兴趣，或者说，对屋子里的任何其他人都不太关心。现在，我母亲成为了唯一照顾我的人，她于是表达了她最明确的感受。“你就是一个小麻烦鬼，”她会对我说，“没有你，我的生活或许会更好。”

我在外面几乎没有朋友。我的姓氏让我显得不仅与众不同，而且表现出潜在的危险。贝雷斯福德家族在爱尔兰是最有权势的家族之一。如果在街区或学校操场上有哪个孩子伤害、侮辱或意外得罪了我，我可能会向某个相关的人汇报，他有能力摧毁那个孩子的整个家族。如果我在什么地方听到了那些孩子转述他们父母的某些政治观点，很有可能这些观点就会通过我传到贝雷斯福德家里。所以，在大多数情况下，科克那个地方的人根本就不理睬我。

贝尔格雷夫广场的房子是一个由十个单元组成的集合体，前面有一个很大的共享庭院。这些房子很可能是在18世纪建造的，作为英国军官的住所，而在我们入住之前很久，有人在庭院里种植了一片树木。这里成了我的游乐场，并且，或许是因为我没有其他伙伴，我觉得这些树木好像很欢迎我。它们成了我的朋友。我会把我最珍贵的洋娃娃——那个来自美国的、头上戴着卷曲红色假发套、有瓷石一般的面孔、蓝眼睛会眨动的洋娃娃——放在巨大的月桂树之下，以得到保护。我在这棵树的树干边玩过家家，在我的玩具烤炉和其他次要洋娃娃（我把它们分类，哪些重要，哪些不重要，那些粗布娃娃是最差的）周围，充满了浓郁的月桂叶香味。就像我的哭石一样（不过那个时候我还没发现它），这些树用它们巨大的身躯给我带来了安慰。它们的存在让我有了一种有所依靠的感觉，我从它们那里感受到了仁慈。这些树一直都在变化着，这激起了我去了解它们的渴望。在夜晚，这些树也会时常出现在我的梦中，树影罩住了卧室的墙壁，改变了整个房间的模样。

离我们两个门之隔，在第七号，住着一个我相信可以帮助我了解这些树的人。巴雷特博士是一位自然疗法医生，戴着钢丝边眼镜，没有孩子。他与妻子和妹妹住在一起，她们两个也都戴着钢丝边眼镜，对年幼的我而言，这可是不能被忽视的一个共同点。有好多天，我会站在他家门前的一棵月桂灌木里，躲藏在斑点状的叶子后面，等待巴雷特博士回家。当他回家时，我会在他的家门前迎接他，拿出事先准备好的第一个问题，然后从那个问题开始，我们的课程就会自然而然地展开。

在我父母争吵后的第一个秋天，发生了一件非常奇怪的事情。一棵极高而又极细的树引起了我的注意，它上面结满了椭圆形小红果，我认为那是苹果，因为找不到其他词来形容它们。我从未见过这样的树，它高达三十英尺，挂满了丰富多彩的果实，我相信它一定是一种稀有而特别的东西，这个信念完全占据了我的头脑。这棵树以它的独特的面貌与我交谈，我渴望听到它要说的话。于是，我走到灌木丛中我的那个位置，当巴雷特博士站在门前审视他的自然世界时，我走上前，将一个苹果举向他的钢丝边眼镜。“这些苹果可以吃吗？”我问道。他告诉我可以吃，然后解释说，我手中的宝贝实际上是一种山楂果，是一种他所熟知的美国山楂树的果子，拉丁学名为 *Crataegus douglasii*。我咬了一口，尝到了甜甜的味道，气息扑鼻，这是我自己的发现，让我兴奋异常。

从那时起，这片植物园不仅成为了我的伴侣和游戏的地方，也成为我亲身实践和发现新事物的场所。我记得巴雷特博士告诉我，另一种山楂树的叶子——我后来知道那是一个很普遍的品种，为人熟知，拉丁学名是 *Crataegus monogyna*——既可以食用，又对健康有益。了解了这个信息后，我就爬到树上，爬到尽可能高的地方，爬过那些刺条，摘下一些树叶作为样本。它们尝起来像沙拉一样。

另外一天，我正绕着月桂树观察时，发现我正站在那棵树的一个小黑种子上。种子的外壳（被称为种皮）在我脚下轻微裂开，释放出令人难以置信的香气。我捡起种子，用指甲剥开种皮，露出里面白色而闪亮的部分。香气变得愈加浓郁。这正是树本身发出的味道，只是更加浓缩了。我无法相信一棵树的香气如此强烈地包含在其种子之内。那种关联带来的奇妙感至今仍然清晰地留在我的脑海中——一方面是发现种子与母树之间的关联的感受，另一方面是对这种关联本身产生的敬畏。

在我的坚持下，巴雷特博士还教会我那些我们一起遇到的植物的拉丁学名。这件事对我本身就已经是足够大的奖励了，不过还不止这些，每当我记住一些新的知识时，巴雷特博士都会拿出一个袋子，里面装满外层是巧克力的枣子，要我拿一个吃。他是一个非常善良的人。

那年秋天，我开始上学了，我的老师是一个骨骼粗大、脸红红的女人，名叫巴雷特小姐，她是学校的校长。她与那位自然疗法医生没有亲戚关系，但这个名字给我带来的有意识的联想让我觉得有一种熟悉感和安全感。当巴雷特小姐问我关于暑假的事情时，我自以为是地背诵出教室窗外每棵树的拉丁学名。我不记得她当时的反应，但我知道她给我妈妈写了一封信。

在那周的星期六下午，我妈妈拖着我来到了巴雷特小姐的平房门口。她的敲门声表露出她对整个事情有多愤怒，尽管我早已知道了她怒不可遏的情绪。屋里摆着一张为三个人准备的茶几，上面摆放着玛丽亚塔饼干。我们坐下来，我浑身充满恐惧，身子跟冻僵似的，我妈妈板着脸坐在那里。巴雷特小姐倒了茶，并讲述了关于拉丁学名的事情，尽管很可能她在信中已经提到过了。她告诉我妈妈她认为我很聪明，但我妈妈的身体开始变得僵硬起来，以致我都觉得到了一碰就碎的地步。她一言不发，只是点头，喝完茶后，在可怕的沉默中带我回家。当我们回到家时，她责骂我为什么要如此引人注目。一个聪明的女人永远不会带着一片光彩嫁入一户人家，她告诉我，尽管她自己受过良好的教育。男人想要的是一个聪明能干的女人，一个能有效地管理他们的家务和仆人的女人，而不是说话灵巧，跟他们争论，让他们哑口无言的人。我应该闭紧嘴巴，避免任何可能让她尴尬的场面再次重演。在她长篇大论的过程中，我半遮半掩地躲在沙发后面。她讲完后，我只是点了点头。我们后来再也没有谈论过这件事。

与我父亲分开两年后，大概率是我妈妈的决定，我要回到英国一年，在伦敦与我父亲一起生活，直到我在纽斯布里奇的布朗普教堂完成了确认礼[1]，正式成为天主教徒。然后，当我快要十二岁时，我妈妈带着我回到了爱尔兰。我继续努力避免惹人注目，无论是在学校还是在家里，找到了一种适合我的生活方式，同时又不会惹恼任何人。那种伪装的状态成为了我的默认模式。

但是，在此后的一年时间内，当我成为一个孤儿时，如果有什么东西仍然把我和这个世界脆弱地连接在一起的话，那些东西也进一步松动破碎了。

① 确认礼（confirmation），在天主教中指一个人在到一定年龄后接受确认，正式成为天主教徒的仪式。确认是天主教七件圣事之一，标志着一个人在教会中的完全接受，象征着一个人确认他们的洗礼誓言并接受圣灵的恩赐。确认年龄因国家和教区而异，大多数人在十二至十六岁之间被确认。

第二章

黄色的颜料盒子

我八岁那年，妈妈送给我一盒颜料。我记得那是她送给我的唯一礼物。她发现我用彩色粉笔在餐桌底下乱涂乱画；我总是在一些碎纸片上，甚至在报纸的边角上涂画。我看着她检视我的作品，然后抬头看我，一言不发，这让我怕得要命。第二天，她去市区给我买了一套漂亮的温莎牛顿[①]水彩颜料。

我喜欢那个颜料盒。为了它，我甚至抛弃了我的洋娃娃。盒子又长又细，顶部是黄色的，可以向后折叠成一个平面，可以用作混色板。这套颜料盒附带一支画笔，但是妈妈又多买了几支。其中一支较大的画笔的毛刷是用骆驼毛制成的。那是我最喜欢的，因为我用手指触碰那些毛发时，有一种活生生的感觉。

我记得有一天，大约十二岁的时候，我带着水彩颜料出去画花。我需要添加水，所以走进屋来，手上拿着一个水罐，里面装

① 温莎牛顿（Winsor & Newton）是一家位于伦敦的英国公司，创立于1832年，生产各种美术产品，包括水彩、水粉、画笔、画布、纸张、墨水、石墨和彩色铅笔等。

满笔刷和颜色纷乱的水。我专注地拿着罐子，小心翼翼，起先并没有注意到妈妈。

她的一只手臂斜搭在壁炉台上，嘴里叼着一支香烟，烟雾逐渐消散在烟囱中。她正在看一封信，一封看起来像是官方信件的信，眼睛扫视着每一行。突然间，她大喊一声“杰克”，声音听起来像是胜利的欢呼。我停了下来。

“杰克，那个混蛋，死了！”她咆哮着，大笑起来，像是赢得了一场游戏。我理解她在说：我父亲死了。我转身走进厨房，在那里，用我年幼的生命所能积攒起来的所有温柔，洗净了我的骆驼毛画笔，假装那柔软的毛刷是我父亲的头发。我从未了解到他去世的具体情况，也再也没有见过他。

几个月后，就在我妈妈遇车祸去世的那天，我从自行车上摔了下来，头部受了重击，得了脑震荡。当一个邻居发现我时，我都不知道自己在哪里，邻居送我回了家。我妈妈还在外面访友，有人告诉我他们给她打了电话让她回家，她很快就会来找我。我等了好久，但她一直没回来。随着夜晚的降临，我竖起耳朵，捕捉她的高跟鞋在大厅里响起的声音，直到最后终于睡着了。

天色破晓前，我被唤醒了，一丝光线透过窗帘漏了进来。一位名叫约翰尼·海耶斯的司机来接我。我认识约翰尼，他之前开车送过我，但他不告诉我要带我去哪里，为什么这么匆忙。街上几乎没有人，车子的速度超过了限速，比我以前坐过的任何车子都要开得快。日出把左边窗户外的云彩染成了柔和的玫瑰色。我靠在一只手上，凝视着天空，它逐渐变得深红。你的妈妈已经死了，那些云彩似乎一遍又一遍地对我这么说着。

当汽车驶入马洛综合医院时，约翰尼甚至来不及脱掉他的驾驶手套，我就从车里跳了下来。我跑进医院，穿过急诊室，进入左翼，凭直觉找到了我母亲可能在的地方。我一直跑着，穿过一条狭窄的走廊，左侧有病房，最后来到一间昏暗的房间，只有一张床。走到铁栏杆旁，我看见了我的母亲。她的四肢，甚至颈部都被撕破的床单条带捆绑在床架上。一块洁白的床单盖住了她的下巴。这些捆绑物看起来像是被使用过的，有着污渍。肮脏的绑带和洁白的床单形成了恐怖的对比，一样恐怖的是她的皮肤，像粉笔一样苍白。看着她，我毫不怀疑她是流血过多而死的。

我弯下身亲吻她冰冷的脸颊。我伸手抚摸着她，感受着她的身体，努力去抓住那即将永远离开我的东西。当我抬起头时，主治外科医生冲进房间，后面跟着护士长和几个护士，他们互相嚷嚷着，也冲着我嚷道："这个孩子怎么进来的，怎样能这样让她看见她的母亲？太可怕了！"

我不记得是怎样被人带走的。我也不记得约翰尼·海耶斯再次开车送我回家。但我记得很清楚，我非常想让我的父亲待在我的身边，只是他在之前也已经永远离开了我。

在事故发生之后，我成为了爱尔兰法庭的受监护人，并被带到科克的一位法官面前，用他的话来说，他的工作是决定该把我怎么办。我已经成为了可怜的孤儿群的新成员，根据天主教会的说法，我这样的人的典型命运是被送进抹大拉洗衣院[①]，在那里被圈起来。这个可怕的"监狱"最初是为了"收容"妓女和未婚母亲而建立的。几十年后，这些地方得到了曝光，被揭露出是导

① 抹大拉洗衣院（Magdalene Laundry）是天主教会在爱尔兰建立的机构，从18世纪起收容所谓"堕落妇女"，后被发现有一些人在这里死于非命。2013年，爱尔兰政府委托进行了一项调查，调查报告被称为《抹大拉洗衣院报告》，揭示了这些机构中发生的虐待、忽视和侵犯人权的情况。

致虐待和死亡的噩梦温床。法官认为，把我送到当地一家叫作逊代威尔[1]洗衣院的地方应该是一件简单的事儿。然而，我的案子却并不那么简单。

穿着绿色和灰蓝色校服的我被带进法官的办公室。他坐在巨大的深色木制书桌后面，在接下来的几分钟里，他叨唠着，如果他将一个贝雷斯福德家族的孩子送进洗衣院，他会被怎样对待，对此他很担忧。最后，他终于告诉我，我舅舅帕特愿意收养我并照顾我直到我二十一岁。他问我道："你愿意在贝尔格雷夫广场和帕特里克·奥多诺休住在一起吗？"我告诉法官我愿意，他于是如释重负地笑了笑。

然而，这个决定并没有完全消除被关入"洗衣院"的威胁。我的自由取决于我需遵守法官在第一次会面时提出的一些条件：每三个月我需要出庭一次，以确定我没有偏离正道。我在物质上的需求——主要是上学和穿衣方面的资金——将由法庭从我继承的遗产中拿出部分来负担。我还将被规定需在晚上十点前回家。违反这些条款中的任何一条，再加上我舅舅有可能对我产生厌倦，都会让我被送进逊代威尔洗衣院。

尽管这个前景令人恐惧，但我还有更紧迫的问题。成为孤儿并没有使我对帕特舅舅更有吸引力。他在法庭上为我辩护，我很感激他，但这并不意味着在照顾我这件事情上，他已经做了同样的准备。他仍然保持着在成为我的法定监护人之前的生活方式，似乎没有想到过身边还有一个我。也许是因为我被我母亲养成了做一个近乎隐形人的习惯，所以在那些大人们眼里，我很容易成

① 逊代威尔（Sunday's Well），位于爱尔兰科克郡郊区，也是与在那里运营的特定抹大拉洗衣院相关联的名称。

为一个不存在的东西。在葬礼期间，贝尔格雷夫广场的房子里，可以看到比往常更多的人和活动，但没有人想到问我是否还好。一直以来我得以倚靠、并从她那里得到同情和温暖的比迪姨妈在那个时候住进了医院，她得了胰腺癌，将在几年后死去。我一直蜷缩在客厅的一个角落里，在那里待着，甚至没有人想到给我饭吃。

我不知道自己多久没有吃东西，但我知道葬礼已经结束了，所以可能已经过去了几天。我母亲的一个朋友布里迪·海耶斯来看我们。她走进厨房，问在场的大人我在哪里。没有人回答，她四处搜寻，发现我蜷缩在我的那个角落里，于是立即冲到我的身边。“就没有人想到过这个孩子吗？”她问道，转过身来死劲盯着他们，“有谁给过她饭吃？”沉默，没有人回答她的问题，我甚至察觉到从大人们那里传递过来的一丝羞愧。在其他人都僵在原地时，布里迪开始给我做炒鸡蛋。那是我从车祸那天以来吃到的第一口食物，哦，天哪，那些炒鸡蛋是我吃过的最好的东西，比我自那天以来在最好的餐馆吃过的任何一道菜都要好。我饿得要命，渴得要命，在我吃的时候，布里迪一边咆哮一边瞪着他们。她告诉他们，他们忽视了我，这是个耻辱。但是我吃完后，她就离开了房子，每个人又回到忽视我的老路上。

后来某个时候，我独自一人在厨房里，饿得发慌。我记得打开一个放面包的橱柜，找到了汤普森面包店的一个骷髅形状的面包——一个圆形的带皮的面包，顶部切上一个 X 形以防止它在发酵时开裂。我饿得不行，我的手足够小，可以塞进我在面包的一侧撕开的一个洞中。我一点点地把软白的面包芯抠出来吃掉，把洞的中心挖空，让外皮保持完整。帕特舅舅从没有指责过我做这事，尽管他肯定在橱柜里找到了那个空壳面包。

我不确定帕特舅舅什么时候吃饭，在哪里吃饭，是早餐吃得太早，还是晚餐吃得太晚，但在我们刚开始在一起的几个月里，我不记得我们在家里共进过一顿餐饭。食物的缺乏加上我的悲伤给我带来了身体上的压力——我是说，这是显而易见的事。在星期天（似乎总是发生在星期天），我经常晕倒，因为营养不良而昏迷，然后被人发现倒在地板上。我太虚弱了，似乎每隔几周就会患上链球菌感染。我的身体明显消瘦下去，如果有谁朝我瞥上一眼就能发现，但没有人采取过措施关注我的身体状况。我变得像根铁棍一样瘦。

我照常上学，并定期与我的律师和法务代表会面，与法院的职员和其他职能部门打交道。显然，他们中没有一人关心过我所处的状态。帕特舅舅的疏忽对我来说仍然是最难理解的，尽管在后来的岁月里我开始了解并喜欢上了他，回想起他当时的行为就更让人觉得不可思议。我妈妈总是说她的兄弟脑子里是一团糨糊，对家庭的事一无所知。但他竟然没有意识到一个由他照顾的孩子需要吃喝？这对我来说仍然是个谜。

最终，绝望驱使我采取行动，进行创新。我在家里找到一本用亚麻布装订的法国食谱书之后，我决定自己做饭。我问帕特舅舅有关这本食谱书的事——他总是乐于讨论书籍——他告诉我那是我父亲的书，因为我父亲在法国波尔多拥有一座葡萄园，所以就有这么一本书（后来我意识到，他是要跟我解释这本书为什么是用法语写的）。此前，我已经看到过很多别人是怎么做饭的过程，所以有了一个简单的计划。我拿出一个锅，拿了四个土豆洗净。土豆放进锅里，我加水没过它们，然后把锅放在煤气炉上。

我以为食谱书会提供关键的信息：煮土豆需要多长时间，是以秒、分钟还是小时计？我翻阅书页想寻找答案。

结果发现，食谱书上并没有明显的关于煮土豆的信息。所以我决定自己来发现到底需要多少时间。我拿着叉子，让土豆煮沸，然后每隔几分钟用叉子戳它们，看它们是否变软。它们一开始坚硬如石头，在沸腾的水中叉子一次次从土豆上滑下。我一次又一次地戳它们，结果还是一样。我开始怀疑自己——也许有一些关键的步骤我错过了。尽管如此，我还是坚持下去，合上食谱书，下意识地把它放回书架上。几分钟后，我能够用叉子戳破土豆的皮，再过几分钟，叉子就能轻松穿透土豆。我成功了。

我关掉煤气，然后倒掉锅里的水，没有烫着自己，把热土豆放在冷盘子上。此刻土豆的皮已经裂开，向我微笑。我高兴地向着空中挥舞着叉子，一副胜利者的姿态。“终于。”我嘟囔着，一口气把四个土豆都吃完了。或许可以这么说，我既已是一个自学成才的厨师，那么最终我找到了窍门，知道如何作为一个孤儿继续生存下去了。

第三章

前往山谷

在爱尔兰生活的每个夏天，我都会被送到利辛斯。帕特舅舅认为他没有什么理由要去干预这个安排,所以学校放假的第二天，我就被送上一辆在中央车站的巴士，托付给一位健谈的售票员迈克尔·墨菲，经过两个小时的车程来到山谷。我们的目的地是巴利利克（Ballylickey），这是一个小村庄，位于欧凡纳河在班特里湾抵达海岸的地方。我走下车的踏板，走出巴士的折叠门，迎接我的是另一个帕特里克, 他是我母亲的表兄, 每个人都叫他“利辛斯的帕特”。

帕特大约四十岁, 是个英俊、开朗的人, 机智过人, 口才了得,有一双农民特有的宽阔的手，手腕粗壮。他每年都会来等我，坐在他驾驶的马车驾驶座上，缰绳懒洋洋地搭在他的膝盖上。

在他的帮助下，我跳上车，然后他驾车带着我和我的行李箱从巴利利克走上几英里奇妙的路程，到达利辛斯的农场。我们行驶时，马尾巴在我们面前愉快地左右摆动，扬起动物的气味和新鲜干草的香气，它们与空气中弥漫的忍冬藤香气交织在一起。我喜欢马，在马旁边总是让我感到快乐。坐在高高的马车上，在新鲜的乡村空气中，由这样一匹美丽的生物载着，我瞬间感觉自己像是一位仙后重返她云雾缭绕的城堡。

凯尔基尔[1]有一座天主教堂，距离利辛斯有三英里，那是一个聚会场所。公共护理护士[2]克里顿在附近有一间办公室，也作为诊疗室，里面放满了各种形状不匹配的木椅子。除此之外，在利辛斯实际上谈不上有真正意义上的“镇”，只有一片片家庭农场和农工小屋，分布在河流两岸。大约有一千人居住在这个地区，我和他们都有某种亲戚关系，虽然常常只是远亲关系。帕特和他的母亲，我的姑婆娜莉，住在山谷一侧上方的一个四十五英亩的农场上，这个农场几个世纪以来一直是我们家族的土地。他受过良好教育的姐姐玛丽通常在英格兰工作，这对我来说是好事，因为我觉得她可能不太喜欢我，至少一开始是那样的。娜莉的丈夫威利在我还是个小孩的时候就去世了,所以帕特得独自耕种土地，我在夏天来帮点忙。另外，如果有真正的大活需要做的话，他可以指望邻居们提供帮助。娜莉负责那些动物，猪、绵羊和鸡，还有奶牛。娜莉和帕特一起打理乳品事务，而娜莉一人则把做饭和打扫卫生全包下来。这是山谷里人家的标准分工，他们两个人把农场的生产安排得井井有条，可以生产他们所需的一切。

自从我第一次来到山谷后，我就开始喜欢这里的许多事物。即使在今天，利辛斯在我的心中仍然占据着独特的位置。这里的

---

① 凯尔基尔（Kaelkill），爱尔兰科克郡的一个小村庄。
② 公共护理护士（public nurse），负责一个地方或社区的卫生健康知识传播的医务人员。

空气中有一种近乎触手可及的慷慨精神。在和娜莉、帕特在一起的时光里我有幸领略到了一些。布列汉法所规定的好客法则仍然像过去一样强大，根据这些法则，作为一个孤儿，我成为了每个人的孩子。即使是最穷困的人也觉得给我点什么东西是他们的特权，即便仅仅是一个成熟的布拉姆利苹果，或者是他们门前的醋栗丛中最好的醋栗，或者是第一颗成熟的草莓。

在我父母去世后，我与山谷中的人们的关系变得更加深入。他们用一种不同寻常的眼光看着我，温暖地对待我，让我热泪盈眶，仿佛他们明白死亡不是一种传染病。虽然我没有钱，但他们对待我就像我继承了什么重要的东西，仿佛突然间我成为了有价值的人。娜莉一直对我很好，虽然给人一点疏离的感觉。但是自从我在父母去世后的第一个夏天来到这里，她对待我就好像我值得被关心；我赢得她的关注，只是因为我就是我，而不是别的。以前从来没有人这样对待过我，我就此深深地爱上了她。每天早上醒来时，我尽量要使自己相信这不是一个诡计，或是即将被纠正的错误。

当然，那时候的我状况很糟糕，迫切需要娜莉的照顾。她注意到我瘦得像根棍子。我过来时半饥半饱，几乎只剩下骨头和衣服了，吃她给我摆在面前的任何东西都有困难。娜莉很快派人去找了一袋麦克鲁姆燕麦[①]。一碗燕麦就像是一种滋补品，不仅可以填饱肚子，更可以增加营养，为我恢复体力提供坚实的基础。第二天早上，她把一碗燕麦放在桌子上，要我尽可能多地吃。她还开了一瓶酪乳（白脱牛奶）给我喝，我觉得很难喝。每一杯酪乳里都有小块奶油，一喝下去就想吐。然而，我还是照她的指示

① 麦克鲁姆燕麦（Macroom oatmeal），传统的爱尔兰石磨燕麦片，产自科克郡。

去做了。她给我做了黑锅[①]面包加葡萄干，这是她专门做给我吃的。我不确定我花了多长时间才从与帕特舅舅在贝尔格雷夫街一起住的头几个月的状态中恢复过来，但自从那个夏天来到利辛斯以来，我再也没有在星期天晕倒过。

利辛斯这个名字对说盖尔语的人来说意义重大。它打开了通往另一个世界的大门。首先，这个名字本身很古老，尽管随着带着测量图表来殖民的英国士兵的到来，它发生了改变。在古盖尔语中，*Lios*[②]的意思是仙丘或仙女环，或者更早时期古代人的封闭居住区域。这个词的结尾的“sheens”来自古盖尔语中的 *sí*，指 *aossí*[③]，或者意为仙丘上的居民。这个山谷里到处都是德鲁伊时代的石器，德鲁伊是凯尔特文化中受过教育的精英阶层——医生、外科医生、天文学家、数学家、哲学家、诗人和历史学家。山坡上点缀着祭坛、环形圆丘、堆石、神圣的石头、刻着欧甘文[④]的石头和圣井。从泥炭沼泽地里可以翻出保存至今的经历了多少个世纪变迁的盛有黄油的篮子、黄金饰品或蜂蜜罐等珍宝。在我的孩提时代，这个山谷很可能是整个爱尔兰国土上凯尔特文化中最集中、保存最好的遗址。

尽管英国人的占领使其受到了严重破坏，但孕育凯尔特文化的那个社会曾经非常强大坚韧。在基督诞生时，它已经从爱尔兰

---

① 在爱尔兰，黑锅（bastible）指一种传统的铸铁烹饪锅或炉子。这是一种用于在明火或灶台壁炉上烘烤面包和其他菜肴的锅具，通常有三条腿，可以使其悬挂在热炭或余烬上，让热量均匀地围绕着锅。虽然现代厨房设备逐渐取代了它，但它仍然代表着爱尔兰烹饪的传统和文化意义。

② Lios，这里指 Lisheens 一词的前面一部分 Li。

③ aossí，在爱尔兰语为 aos si，意为那些拥有仙丘的人。

④ 欧甘文（Ogham）是中世纪早期爱尔兰和凯尔特世界其他地区使用的一种古老书写形式。欧甘文中的字母或符号由基于垂直或斜向的直线和横线组合而成，类似于树木的树干和枝干，并且每个字母都与一种特定的树木或植物相关联，所以欧甘文又叫作树木字母（Tree Alphabet）。除了书写之外，欧甘文还被古代凯尔特人用于占卜和魔法。

扩展到英格兰和苏格兰的部分地区并扎下根基。它东行穿过德国和中欧，一直延伸到乌克兰；然后从那里向南穿过波罗的海国家到土耳其的加拉太地区，另外一条线则从法国经意大利到达北非沿岸。它也沿着丝绸之路传播。到今天，在中国中北部仍然存在着一部分保留凯尔特风味的地区。

凯尔特人拥有一种书写字母表，欧甘文。至今仍可以从那些被刻在欧甘文石上的文字中看到其模样。关于欧甘文，据认为可以追溯到公元前1世纪。当时的社会受到一套通过民主程序建立的法律的统治，这套法律被称为布列汉法。这些法律随着时间的推移而发生变化，以反映不同的时代人民的生活。布列汉法在公元438年由塔拉高王罗嘎莱尔（the High King，Laoghaire of Tara）[①]编纂成文，然后他很快成立了一个皇家委员会，来持续重新审查这些法律，以确保它们始终能够代表凯尔特世界里每个男人、女人和小孩的真正民主权利。进行这一重新审查的凯尔特人就是布列汉法官，他们延续了一种在爱尔兰实行了一千三百多年的法律实践。我的外祖父丹尼尔·奥多诺休（Daniel O'Donoghue）是最后一批根据布列汉法审判并将判决（*breithiúnas*）付诸实施的布列汉法官之一。

奥多诺休家族是贵族，他们的家族发源地罗斯城堡位于基拉尼，是古代凯尔特世界学术发展的重要中心之一。我的外祖父在一个显赫的家庭中长大，家里有爱尔兰仆人，这非比寻常。他与其中一位女仆，也就是我的外祖母坠入了爱河，然后骑马私奔了。他拒绝讲英语，在他们的婚姻许可证上愤怒地用一个X签

① 高王（High King），在爱尔兰历史上被认为是爱尔兰所有省份的最高统治者。Tara指塔拉山（Hill of Tara），古代爱尔兰国王加冕之地。

下了名字，但他会说也会写盖尔语、拉丁语和希腊语——这些是凯尔特精英们的语言。他的盖尔语非常好，以至于科克大学派学者去把他说的语言记录下来。他以表现出 *blas* 而闻名，用英语来说，是指他的言语“带着一种甜美的腔调”。除了对语言的特殊驾驭能力，他对诗歌、文学、法律和历史有着百科全书式的知识。他是一个活生生的图书馆，一座人文贮存库，在那里有英国人试图通过占领和颁布宗教迫害法案来消除的所有文化知识。

我的母亲和她的兄弟姐妹在一个叫拉卡瓦恩[①]的地方长大，那是一个更加狭小的山谷，隐藏在正位于利辛斯上方的高耸的卡哈山峰之间。拉卡瓦恩是一个天然的堡垒，相对安全，不容易受到那些几个世纪以来强行执行宗教迫害法案的英国士兵的攻击，而且它还受到板岩石的保护，这些板岩会脱落下来割伤英国士兵马匹的蹄子。拉卡瓦恩的游击队会袭击一群士兵，然后消失在山雾中，无处寻找。这也是一个保存古老知识的地方。因此，凯尔特文化在拉卡瓦恩和利辛斯得到了比在爱尔兰其他地区更好的保存和保护。由于我们的血统和外祖父的地位，我母亲的家族在该地区是最显赫的。

然而，英国政府败退之处，却由西方城市化进程带来的消费文化轻松地推进占领了。利辛斯的年长居民仍然过着几百年来山谷人民那种生活方式。他们以自给自足的农业为生，偶尔会使用拖拉机，但大多数时间都坚持着传统的耕作方式。他们满足于生活的现状，满足于他们的诗歌、歌曲、音乐和语言，以及他们在世界中的位置。但他们的子女和孙辈已经尝试了现代生活，并渴

① 拉卡瓦恩（Lackavane），一个以盖尔语为主要语言的小村庄，位于利辛斯山谷的入口处。

望尽可能地跨入现代世界。他们想要钱，一辆汽车，以及在美国或英国开始新生活。留下来的人听说了最新的机械设备和化肥，并希望将产量翻两倍或三倍以赚取更多的钱。山谷里充满了一种渴望的感觉，它吸引着人们背离他们随之成长起来的传统。在爱尔兰的每个角落，年轻一代都在背离古老的知识，将其视为不过就是迷信。但在利辛斯，年长的人仍然拥有年轻一代不想要的宝贵东西。

我是奥多诺休家族中的最后一个有资格继承我外祖父曾努力保护过的古老遗产的人，这就是我当时进入的世界，利辛斯的世界。

我母亲告诉我，娜莉姑婆曾经是爱尔兰南部最美丽的女人。当我成为孤儿时，她已经六十出头了，但很容易知道我妈妈说得没错。娜莉有着高高的额头，明亮的蓝眼睛和高贵的鼻子。她的皮肤没有皱纹，脸颊仍然红润健康，她的银色头发闪闪发光，垂到腰际，但她总是用乌龟壳梳子束起来固定在头上。她将一枚银质别针别在衬衫的右胸上方，通常搭配一条老式手织裙子——夏天是亚麻布，空气变凉时则是羊绒，裙摆垂至脚踝。她的一举一动都露出温柔，即使要做一份比如搅黄油这样费力的体力活；她请求我帮助的时候，也总是用柔和的语气：“黛安娜，你能帮忙把土豆沥干吗？”

正是从她这样温柔的声音中，我第一次听说了关于我的凯尔特教育的计划。通常，山谷中的知识代代相传只在家庭内部进行。当你与父亲一起工作或与姑姑共同进餐时，他们会传授给你他们从上辈获得的智慧，并加入他们多年来自己所学到的东西。但我是一个特例。首先，因为我的外祖父是丰富知识宝库的守护者，作为他的血脉，我也有权拥有同样的知识。其次，根据布列汉法，一个人成为孤儿后就是所有人的孩子。接下来的事情是我自己推测的，我猜测在娜莉看到我到达她家门口时的那种状况后，她召集了利辛斯最年长的女性，大多已年过八九十岁。她告诉她们根据古老的法律，她们要对我负责，尤其是面对我一天天消瘦下去的情况，她们同意采取措施。她告诉我的是，我将经历一个布列汉监护[①]过程，这是一种安排，我将在其中学习一些东西，学会如何在从一个年轻女孩成长为一个成年女性的过程中能够照顾自己。我将会有很多老师。每个老师都会在轮到他们的时候叫我过去。她将是他们中的第一个，我们的课程将立即开始。

利辛斯的人们一天只吃两顿饭，早上起床时的早餐，另一顿是下午两点左右的晚餐。没有午餐，那是英国的习俗。晚饭后，在露水已经蒸发后，娜莉告诉我她提前干完了她的活。“我发现我有些空闲时间了。”她说，并提议我们散步去。这是我监护期的第一堂课。

离开凉爽的厨房，我跟着她走过开满花朵的灌木丛，那些长尾巴的有着蓝色星点的长阶花丛，这是她结婚的时候作为礼物送给她的。我们并肩走下小径，来到门口，娜莉停顿下来，像往常一样，欣赏起卡哈山脉来——那是她的山峰。关上门，我们没有朝着山谷的主干道下坡，而是沿着通往我的哭石的小路向上走。我们经过了那块石头，继续往前走绕过一块田地的顶端，最终来到了一个古老的环形堡垒[②]边上，我们可以在这里俯瞰整个山谷。

① 布列汉监护（Brehon Wardship），是古代爱尔兰布列汉法中规定的法律制度，用于管理孤儿或父母无法照顾的儿童的监护权，确保儿童得到适当的照顾和教育。
② 环形堡垒（ringfort），圆形的防御性定居点，在爱尔兰各地都很常见，但在该国北部和西部最为集中。爱尔兰有超过四万个环形堡垒，是在公元 4 世纪到 12 世纪之间建造的。环形堡垒有各种尺寸，通常直径在二十到五十米之间。它们通常被土堤和壕沟包围。一些环形堡垒还有内部结构，比如房屋或谷仓。

堡垒外墙的残余部分坐落在一个切入山坡的土堤上，形状像梯田的边缘。环形堡垒受到保护，从没有被犁耕过。墙和土堤向两边蜿蜒，最终在我们看不见的地方重新连接环绕在一起。

在我们面前，土堤边上的壕沟被茂密的植物覆盖，娜莉带领我朝那里走去。当我们接近壕沟时，我开始逐渐分辨出一簇簇绿色草丛的特别特征。我看到各种大小和形状的叶子；蔓生植物随意地生长在周围；一朵娇嫩的小花在这里和那里冒出来，试图站稳脚跟。娜莉稳稳地、很自信地把手伸进这一簇花草中，摘下一片叶子。她用拇指像碾槌一样把叶子在手心碾碎，然后将绿色碎末放到我的鼻子前，我立刻闻到了像留兰香薄荷的香味。“这是胡薄荷（pennyroyal），”她告诉我。“你不会忘记它的气味。”她又从同一棵植物上摘下叶子给我。“记住它的外观。”她说。我仔细地研究着手心里的小椭圆形叶子。然后我试着在脑海中重现它的样子——深绿色的色调，淡紫蓝色的花朵和从叶脉中延伸出的皱褶状的纹路。

过了一会儿，娜莉继续给我讲解。“这是一种很重要的药物，被用于很多地方，”她说，“它可以用来当烟熏，也可以直接使用。我们用它来治疗冬天得的感冒，并在夏天用它驱虫和治疗蚊叮虫咬。这是一种非常古老的草药，很久以前在各种仪式中使用。它的药性很强，如果你忘记了它的外观，你总是可以通过它的气味来识别它。”

她放开手心里碾碎的叶子，扫视着沟壑，伸手摘下另一片叶子。然后她开始解释它的药用属性。我的第一次草药之旅就是这样开启的；壕沟是娜莉的药房，她一个接一个地介绍了各种植物。她掌握了我从未听说过的各种疾病的治愈方法——精神疾病、消化不良、心脏问题和皮肤疾病。她在壕沟上越往前走，我就越不知所措。天哪，我怎么可能记住这一切？经历过坐在决定我的命运的法官前面的时刻，并度过了几个月忍饥挨饿的日子后，我知道我需要如何生存下去的建议。我尽力倾听，但要了解的东西实在太多了。就在我开始陷入绝望时，娜莉注意到了我脸上的表情，放下手中的一条植物根茎。“好了，盖朵儿（Gidl），”她用她和帕特给我取的昵称说，“今天就到这里吧。”

我确信她停下来是因为我让她失望了，我无法掩饰自己脸上出现的沮丧。她注意到了，温柔地把手放在我的肩膀上。“我知道你有很多东西要学，但我觉得你能行。”她安慰我道，“反复学习会创造奇迹。别担心，你会一点一点地、慢慢地、慢慢地做到的。”

我的学习过程正是如此：一点一点地、慢慢地、慢慢地进行。娜莉的课程，偶尔还有帕特的课程，与来自整个山谷各个地方的老师的课程穿插着交替进行。我的“教职员工”最终有二十多个人，而认识山谷里每个人的克里顿护士则是为他们做出安排的组织者。

克里顿护士在利辛斯长大。在她二十多岁时，她离开爱尔兰去纽约学习，然后拿着学位回到家乡为社区服务。与那些和现代世界有所接触的人不同，她并没有摒弃传统方式。她向山谷里的人咨询草药知识，并且毫不掩饰地使用天然药物。虽然她的正式职称是“公共护士”，但她实际上扮演了一个医师的角色，她的药房就是整个山谷和社区。她的诊所设在教堂附近，每天都有很多人来参加弥撒。利辛斯没有电话，所以弥撒结束后，任何想与我分享一些知识的人都会拜访克里顿护士，享受一杯浓茶或咖啡茶[1]，然后告诉她他们的打算。

对我来说，每一份分享都很重要：无论多少，都让我有所长进。她会派一个腿脚灵活、肺活量大的男孩去找帕特，帕特随后会转告给我。整个美妙的环节对我来说基本是看不见的，我所接触到的只是早上帕特对我说的简单一句话，比如，“黛安娜，山上或者库诺科·甫易山头有个人想见你。”

课程总是在下午进行。我会前往受邀之处，走进一个农舍的门。主人坐在厨房的桌子旁，用盖尔语唱起古老的歌曲，迎接我进入他们的房子。他们会给我沏一杯茶，准备茶水和沏茶的过程就像中国的茶道一样细致，然后我会坐下。他们可能会在房间里轻快地走来走去，嘴里吟诵一行或几行盖尔语诗句，接着就开始了我们之间的盖尔语互动。

我学到了植物的药用知识，就像我和娜莉在环形堡垒遗址散步时学到的一样，还有许多实用技能。例如，在凯尔基尔村里有一位妇女是做黄油的专家，她能制作出各种黄油，其手法就如同那些制作奶酪或葡萄酒的好手。我被带去她那里，了解来自不同风土条件（*terroir*[2]）下的不同黄油的种类以及它们的用途——例如，黄油的涂层可以防止鸡蛋氧化，让鸡蛋在没有冷藏的情况下保持新鲜达很长时间。

我记得她的黄油的味道。一种橙色的黄油，有咸味，很浓郁，一开始我不喜欢它的味道。后来我习惯了。她告诉我，这种颜色来自于奶牛放牧到高山牧场时的第一个夏天的饲料。从那时起，

① 咖啡茶（Camp Coffee），一种浓缩糖浆，用咖啡和菊苣调味，最早于 1876 年在英国格拉斯哥生产。

② terroir，法语词，指农产品在其生长过程中所依赖的环境因素，包括土壤、气候、日照、降雨量等，在葡萄酒制作过程中尤其重要。

我意识到生物多样性是一件好事，甚至对于奶牛也是一样。

然而，许多课程，尤其是早期的课程，都是从心理角度进行的。我的老师们知道我处于危险之中，作为一个孤儿和一个女性，我将面临威胁。他们也知道我正面对巨大的悲伤和创伤。因此，他们教会我如何处理生活中的痛苦，如何从身、心、灵各个方面全面地关爱自己。他们相信我可以做任何事情，但为了实现我最大的目标，我必须先从相信自己开始。所以他们教我去爱自己，相信自己的能力。

对我而言，学会珍视自己尤其困难。我经历了十四年的自我否定和许多个月的可怕经历，让我感到自己是一个被诅咒的人。但即使在这些更抽象的课程中，我的老师们也提供了明确的指导和实用工具。在桌子上放上一杯茶后，他们中的一个可能会说："黛安娜，坐下来，让你的嘴休息一下。嗯，你知道，我们说到你的时候，担心你可能会迷失。"不是指身体上的，而是指心理上的迷失——可能会失去我的自我意识或目标。"是这样子的，我要告诉你，当我自己感到迷失或不知所措时我是如何应对的。"

通过他们自己的经验和实践，他们教会我"进入寂静"，这是凯尔特式的冥想方式。他们会告诉我想象着用这么一把椅子。我会在脑海中设想这把椅子，通常那是娜莉姑婆厨房里的一把木椅。当这把椅子在脑中确定时，他们会告诉我进入那把椅子所在的地方。我需努力做到这一点，让自己从担忧和烦躁中解脱出来，从而可以平静地坐在那把想象的椅子上，这的确让整个身体感到休养生息，也给了我的大脑一个假期。

另一次，我被要求回忆起我一生中最幸福的一天，在脑海中重现它。然后，他们教我进入同样的幸福感觉，比如那种在退潮时光脚踏在洁净的沙滩上的感觉。之后，只要我需要力量时，我就能够随时回到那里，振奋精神，或者只是稍稍享受一下那种美好的感觉。

在我的幸福之地，我躺在娜莉姑婆利辛斯农庄里前边卧室的床垫上，那个床垫塞满了新鲜稻草。晨光透过窗户洒在我的脚上，我能感受到脚踝很温暖，那种感觉真是美妙。稻草散发着天堂般的香甜，它的气味在床的周围弥漫开来。我能听到外面的鸡咕咕叫，远处有奶牛，离房子近一点的地方有马。我知道我可以走下楼到马厩去拿一个新鲜的褐色鸡蛋作为早餐。我期待着那个鸡蛋的味道，这是一个上帝赐予的时刻——一个特别的、特别的时刻。我现在仍然会在脑海中回到那里，重新感受到那种喜悦。

娜莉和帕特的家是一个传统的爱尔兰农舍，两层楼高，建筑材料采用大卵石（田园石）砌筑，屋顶覆盖着灰色的板岩。整幢房子的建筑风格非常古老，至少可以追溯到几百年前。农舍、奶牛场和乳品房以及马厩都涂着白色。乳品房是娜莉准备牛奶、奶油和黄油的地方，建在房子的后面。马厩连接在东侧，储存着马拉车辆的设备和所有的皮具——马鞍、马具、眼罩、马笼头和嘴铁，它们挂在墙上，看上去像瀑布一样倾泻而下。

在那堆皮革的下方安全地藏着手工编织的鸡窝篮，里面铺满了柔软的干草和稻草。母鸡会离开鸡舍，扑腾着走到马厩下蛋。每只母鸡都有她特别喜欢的篮子；如果我把她从平常的位置挪到一个新的篮子里，她总是会返回到她自己选择的那个篮子。

我有一只最喜欢的母鸡，我的女王。她下的蛋个大颜色又深，上面布满了深棕色的斑点。每天早上，我会去马厩取出她篮子里的蛋。那个蛋，再加上一片黑锅面包，就是我的早餐。

有一天早上，当我坐在马厩里的一根粗糙的木头支架上检查我最新的鸡蛋时，我听到了那种独特的声音，那是铁蹄子在环绕着挤奶棚的石板路上发出的碰撞的声音。有可能见到新的马这个想法在我脑中闪过，我立刻离开了马厩，穿过院子。我的脚一直不停地飞奔着，直到我看到了它们。它们是一对令人惊叹的栗色母马，用皮绳系在一块大圆石下面。我停下脚步，死死地盯着它们强壮的腰腹和腿部的肌肉以及闪亮的毛皮。当它们用尾巴驱赶苍蝇时，我意识到：它们是赛马！

我太兴奋了，我大声说出了“赛马”这个词，这个时候我看到一串烟圈从母马的另一侧悠闲地飘起。我轻手轻脚慢慢地绕过去，要看看烟圈来自哪儿，发现是来自坐在一个挤奶凳上检查马腿的人的短曲烟斗。他大约和娜莉一样年纪，穿着一套精致的爱尔兰粗花呢三件套，金表链优雅地垂在胸前，划出一条弧线，他头顶一头乱发，像夏天黄油一样的颜色，惹人注目。我从未见过那样的头发，当我惊讶地凝视着他时，他转向了我。他明亮的蓝眼睛锁定我，我呆在原地一动不动，他从嘴里拿出烟斗，又吐出一串完美的烟圈。然后，他说道：“你就是那个盖朵儿？”

我无法说话，所以他又问了一遍。当我还在沉默中时，他换了一个对小孩子的昵称，温和地说道：“对不起，孩子（*leanbh*[1]）。你先不要理我。我要在这里费些时间看看这些马。它们在基拉尼赛马会上被骑得太厉害了，我要看看怎么让它们恢复恢复。不过，首先，我必须找出它们的问题所在。快，过来帮帮我，如果你愿意的话。我们一起和它们说说话。只是要小心它的后腿——

① leanbh，爱尔兰语，意为孩子或婴儿，也是对孩子的更亲密的称呼。

它会给你一脚，让你躲闪不及。”

他从凳子上站起来，用一只手拍了拍身上的尘土，另一只手把烟斗放进背心口袋里。我终于明白他是谁了：娜莉的兄弟，我母亲深爱的叔叔，来自拉卡瓦恩的丹尼·奥多诺休（Denny O'Donoghue）。丹尼是一位 *cúipinéir*，也就是接骨师——蒙斯特地区最后一位骨医。他以与动物的默契而闻名，有点像兽医，但要比兽医好上很多。我母亲曾跟我说过，他可以与马沟通，用柔和、舒缓的盖尔语调吹口哨和喃喃低语，告诉它们想要听到的东西。他可以从动物的毛皮上获取信息，并知道应该如何喂养它们，如何带它们运动，如何与它们交流。人们从老远的地方赶来，只是为了看看他手指上展现的魔法，整个爱尔兰南部的赛马场和马厩都需要他。尽管他非常英俊，但从未结婚。我想他对女人没有太多兴趣。他只关心马。

“丹尼叔叔。”我终于打破沉默，一边是叫他的名字，一边好似要向他确认。

“哦，是的，那就是我，”他带着轻松的微笑回答道。“他们告诉我，从这里到凯尔基尔的女人们都给你传授知识。嗯，盖朵儿，我自己也有一些要补充的东西。”

丹尼抓住一匹马的笼头，用脚踢开压缰绳的石头，轻轻地牵着它走开几步，马发出痛苦的嘶鸣声。它的左后腿有点跛，不愿意用力支撑。丹尼透过牙齿轻轻地说：“慢慢来。”他直接对马说道，尽管我能感觉到他说这些话都是让我听的。“我知道你受伤了，但我想我可以给你治好的。这是肌腱问题，有点发热。一点点按摩再加上手指按压，你就会恢复如初。然后我会让你和你的姐妹到外面吃草，是的，我会的。地里的钙质会填补你骨骼上的任何细微裂缝，然后我们再来看看你的感觉如何。”

即使人在动，丹尼身上也显示出一种安静，一种从容不迫的感觉，似乎他从不匆忙。他的从容令人惊叹，也令人鼓舞。他可以独自坐着凝视着前方，思考，与自己相处得非常自在。他牵着那匹马又走了几英尺，继续对我们俩说话。“悠着点，”他说。“你得站一会儿，让我好好看看你，看看还有没有其他问题。”

他再次审视了她，然后用他的声音安抚着她，从她的臀部向下移动他的手，一次又一次，直到稍微超过踝关节。几分钟过后，他说：“我们差不多了。我想那个结已经松了，除非我弄错了。胫骨和腓骨有点拉伸，不过，它们是骨头，只要好好休息一下，它们就会回到原位的。”

他向那匹马问道:“你听到我说话了吗？要休息一小会儿——下个星期不用再奔跑了。我会在这儿的，我会死死地日夜看着你。那个踝关节会修复的，你很快就又会变成那个淘气鬼了。”

当他把那匹母马和她的姐妹放到其中一片牧场时，我可以看到她的行动比先前好多了。她的跛脚不那么明显了，也不再发出处于痛苦中的动物发出的那种声音。我的母亲很喜欢丹尼，就是因为他与动物尤其是马有着特别的关系，而我也已经感受到一种类似的喜爱在我身上萌发。当他拿来第二把挤奶凳，我们并排坐下来，一起看着那两匹母马时，我鼓起勇气向他说出了自己的苦恼。

几年来，帕特和娜莉时时会责备我过于宠爱动物。我太大方，随意给它们吃它们喜欢吃的东西，给了它们太多的爱意，结果是我身后常常跟着一群鸡、鸭子，两只狗（弗洛西和弗洛），一些猫，一些绵羊或者以上动物的任意组合。除了我最喜欢的下蛋母鸡，我还喜欢一只名叫黛西的巨大的长白种母猪，当我叫她时她会跑过来。黛西会躺下，我会给她挠肚子，帕特因为我把她当成宠物而说我，话还挺难听的。我喂小牛时，也会遭到他们的大声呵斥。我站在门口，门梁上爬满了美丽的木香花，开着稀有的粉色花朵，还有一根像树干一样的茎，我穿过栅栏把干草递过去。然后我会让小牛吮吸我的手，感觉就像它们要剥掉我的皮肤，从手腕一直到指尖，不过这种感觉很好。

帕特和娜莉虽然会指责我，但语调幽默，声音中透露出很多温暖，让我知道我所做的并没有那么糟糕。但在遇见丹尼的前一周，我手指关节上出现了一排丑陋的疣。我对这些疣感到深深的羞耻。它们每天都在以惊人的速度长大，这让我感到害怕。但更重要的是，我确信是因为接触动物不当才长出了这些东西。我做了一些我不应该做的事情，证据就摆在那里，对所有人，特别是我自己来说，都是显而易见的。

我尽力隐藏这些疣不让人看到，同时也努力确保它们不扩散。但我决定要让丹尼看看。他拿起我的手，我看到他查看着，没有做出任何判断。他没有责备我，只是告诉我他所知道的一个简单的治疗方法。丹尼的治疗方法是将一个从地里挖出的新鲜爱尔兰马铃薯[①]切成两半，然后挖出中间的肉。他在这个挖出来的小碗中放入盐，并告诉我过夜后盐会从马铃薯中吸收水分，形成一个小水池。他指导我："把那个水液抹在疣上。"他说："每天使用一个新马铃薯，并重复我刚刚给你展示的方法。三个星期后，你就会完全康复。"我按照丹尼的指示，每天给我的手指关

① 爱尔兰马铃薯（Kerr Pink patato），在爱尔兰和英国以及许多其他国家或地区广泛种植的马铃薯栽培品种，是由苏格兰科恩希尔（Cornhill）的亨利（J. Henry）在 1907 年栽培出来的。

节进行治疗。当我要回科克时，这些疣已经消失了。

这件事也许看起来微不足道，但发现丹尼的治疗方法有如此强大的有效性还是让我感到震撼。我害怕那些疣。它们是我倒霉生活中最新的不幸，我甚至有点认为我永远无法摆脱它们。但是它们就那样消失了。这真是神奇，同时也是最有力的证据，证明我在利辛斯学到的东西是多么有用，证明那些植物展示的让人敬畏的力量是确凿的。这让我着迷。从这里开始，我一想到从那些长辈们身上还能学习到更多的东西，就激动不已。我迫不及待地期盼下一次的学习，等不及那些古老的神奇魔力再次显现。但我还真的必须等待，因为科克、学校、冬天和贝尔格雷夫广场都在呼唤着我回去。

第四章

女性受教育并不是负担

在度过了被当作被监护人生活的第一个夏天后，我回到了科克，感觉就像丢了魂似的。对我来说这座城市是一个孤独之地。人来人往，我却是孤独一人。我禁不住悲伤，思念起与娜莉、帕特、丹尼和其他老师在一起的日子；思念黛西，我的女王母鸡，弗洛西和弗洛以及其他动物；思念库诺科·甫易山，那座黄色山丘和卡哈山脉；思念大海和天空；思念石南花、荆豆花、冬青和黑莓；当然，也思念娜莉做的饭菜。但即便只是经过那几个月的学习，我也已经能够更好地应对孤独感。当一个问题浮现在我脑海中——为什么所有这一切都发生在了我身上？——我现在感到我能够予以回应,不是给出一个答案,而是接受这样一个事实:并不需要答案。

那个山谷教会了我，每一件事都事出有因。我可以相信这一点，但也可以得到安慰，而无须知道那个原因。我注定要面对我的那份痛苦，也许我的痛苦似乎比别人更多，但我现在感到我一定也会战胜那种痛苦。利辛斯人的热情祝福，我在那里所经历的善良，与我如影随形。当我回来上学时，它也跟随着我而来。它助我身心完整，更能够做回自己。

我的学业曾经是我父母之间争执的焦点。我父亲想把我送到英格兰南部的一所精英寄宿学校，他甚至在我出生后没几天就在那所学校帮我注册了。然而，我母亲坚持要我接受爱尔兰教育，特别是学习爱尔兰语。最终她胜出了。在她去世之前，她帮我申请到了科克的一所名为圣爱洛修斯学校的女子私立学校，那是一所由慈爱修女会[①]管理的学校。她在遗嘱里特别为我准备了学费，我定于秋天开始上学。

其他有关我的处境的安排就不是那么一清二楚了，特别是涉及我的财务方面的情况。在开学前一周，我被安排再次出庭，以便提出请求得到一些购买“必需品”的钱。食物并没有包括在“必需品”这个类别中，因为当局认为帕特舅舅会为我负责。原本给我用于购买衣服和“杂物”（法院用这个保守的词语指称我的内衣物）的钱，有不少最终还是用在我的食物方面，以加强我的营养。在十四岁时，我开始负责家里的所有购物，还包揽了家务和做饭。我会去英格兰市场里的一家名叫奥弗林恩店的当地肉铺，要一磅肉，比如羊肉，而奥弗林恩先生会用纸包两磅肉，但只收我一磅的钱。他从未表示过那是因为我处境困难的缘故——毕竟，我是洛基·多诺休的外甥女——但这种谨慎的善意非常有助于我的生活。因为有了这些额外的帮助，我为自己、帕特舅舅和那个

① 慈爱修女会（Sisters of Charity），一个天主教的女子修道会，其创始地在爱尔兰。该修女会由爱尔兰修女玛丽•艾肯黑德于 1815 年创立，主要使命是为贫困、病患和边缘化社群提供关爱和援助。但历史上也曾经与抹大拉洗衣院有牵连。

时候还活着的比迪姨妈准备家常饭菜，这样做的结果是我们变得更亲近了。帕特从未问过我是如何学会做饭的，为什么以及什么时候开始的，尽管如此，他最终开始在厨房的桌子上留下买东西的钱。

那个秋天，我和帕特之间的关系有了显著改善。利辛斯人给了我自信的火花，我不再感到一定要保持沉默，隐藏我自己的某些特质，比如说我拥有的智慧。让我感到意外的是，帕特并不同意我母亲对女性受教育的看法。事实上，他的看法非常不同。在接下来的几年里，他会一遍又一遍地对我说："黛安娜，对一个女人来说，接受教育并不是负担。"从我们重新在一起的那头几天开始，当我与他分享我学到的东西或者是提出一个让我们思考和辩论的话题时，他会明显表示出高兴。我记得的第一件事是关于丹尼叔叔给我治疗疣的方法。帕特听说过这种疗法，并告诉我这是一种古老的方法，随后在他的要求下，我们开始调查这种方法为什么有效。比如：使用了哪种类型的土豆？不同品种之间的化学成分有所不同吗？涂抹在皮肤上的土豆是否需要干燥？为什么土豆需要透过窗台上的阳光照射？我们两个都提出了问题，和我一样，帕特对于发现答案感到异常高兴。我们发现任何土豆都可以使用，但是每天必须使用同一品种的新土豆，并且阳光的作用至关重要，因为它产生了龙葵素，这是一种可以杀灭皮肤上疣的抗病毒化学物质。

他还鼓励我自由阅读他书房里的书籍。在贝尔格雷夫街五号的书架上，帕特积累了大约一万本书，而且还都是第一版的。这些书籍涵盖了各种主题，另外还有其他书，堆积在地板上，等待着被检视。我记得我第一次拿下来的一本书里有安德鲁·怀斯[①]的水彩画页。帕特舅舅看见我拿着书坐在那里，问我在找什么。“你这里有那么多有趣的书。”这是我给他的回答，而这成为了我们共同的语言：我们都用书来交谈。我们喜欢书籍的装帧，书在手中的重量，书的字体。一排绿色的企鹅经典系列书是他的最爱之一。

每周的两个晚上，我在科克艺术学校上晚间课程，画素描或者是油画，一直到我必须回家的时间。但在其他五个晚上，放学回家或者周末打完网球和爱尔兰板球（女子曲棍球）后回来，并用过晚餐后，我和帕特舅舅坐在一对扶手椅上看书，直到睡觉时间。他总是喜欢坐在火炉的左边，而我喜欢靠近长长的佐亚式窗户的右边。偶尔，我会躺在红色地毯上，像一只心满意足的猫一样。如果读到一首触动他心弦的诗歌或者看到一些有趣的内容，他会大声分享出来。当他因为朗诵而声音嘶哑时，我会找到我正在阅读的书中的一段内容，于是就轮到我大声朗读。我们大部分的晚上都是这样度过的，互相交换最好的段落。我发现我对知识有着强烈的渴望，有时候在那些晚上，我觉得知识渗透进了我整个人的身体——仿佛身处这么多书中间，我的皮肤可以吸收知识。

在圣爱洛修斯学校，和之前的学校一样，其他女孩大多都避开我。修女们似乎知道我很聪明，也因此欣赏我，但她们没有表现出对我的喜爱。不过，她们以一种默默的方式保护着我。我怀疑，可能正是因为她们的关注和干预，我从来没有被取笑或欺负过。但由于没有人指导我或解释一些事情的做法，我有时会遇到一两

① 安德鲁 • 怀斯（Andrew Wyeth，1917—2009），美国当代重要的新写实主义画家。

个困境。当我在圣爱洛修斯学校度过的最后一年接近尾声时，我从别人那儿听说我们的期末考试，也就是“毕业证书考试”，是一次荣誉考试，我理解为是对你那一年所学内容的诚实测试。我是一个努力去做诚实的事的人，所以我根本没有复习考试内容。考试的那个早晨，我到了学校，所有的女孩都坐在楼梯上，打开书本，拼命地在记住任何能在脑海中留存的知识，直到最后一刻。我感到很震惊，认为她们在作弊，直到有人向我解释了学习是准备考试的正确方式。我带着恐惧走进教室，担心自己即将作为一个白痴出现在人前，但我尽管没有准备，却考得很好，名列第一。不过，下次我知道该先学习了。

孤独对我来说并不总是一件坏事。我知道无论我如何表现，我都会被冷落和孤立，不过，这倒让我能更完整地做我自己，不用害怕会有什么后果。一门心思学习成了一个避风港，一个我可以逃避负面情绪的地方。随着我对周围世界的了解越来越多，我意识到埋首于书中的生活非常适合我。当我第一次接触到严谨的科学知识时，这种热情进一步加强了。这提供了一个很好的去上学的理由，无论是否有朋友：修女们那里有我渴望探索的知识奥秘的钥匙。

穿着带褶的绿色裙子、石灰色的衬衫，系着三色领带，我和其他同学一起坐在学校的化学实验室里，等待着梅赛德斯修女的出现。我的带有鲜艳纹章的校服外套悬挂在凳子的后面，空气中有着一股煤气的味道，这表明有人控制不住地在旋转本生灯[1]上的旋塞。教室里每个女孩面前的桌子上都摆放着一本新的化学教

---

① 本生灯（Bunsen burner），实验室里常用的高温加热工具，以德国化学家罗伯特•本生名字命名。

科书，我猜想是精心摆放的——书来自美国的出版社，精美的书脊没有破损，我知道帕特舅舅一定会觊觎这样的书。我正满心欢喜地用手指划过封面的边缘，这时修女老师双臂抱着一大堆文件夹走进实验室。

老师把东西放在桌子上，走到教室的前面。她闻到了煤气的味道，皱起眉头，露出不悦，但选择不去说它，然后开始上课。她指示我们打开书本，默读第一章。修女梅赛德斯坐下时，教室里响起了一阵阵抱怨声和窃笑声，她调整了一下头巾，开始带着明显目的地翻动那些文件。我小心翼翼地打开封面，稍作停顿后，欣赏起课本书页发出的柔软声响，然后让整个教室在我的脑海中消失，将全部注意力集中在我面前的文字上。

我从版权页开始阅读，注意到了 ISBN 和出版社的名称，然后继续阅读分配的章节，内容是关于氢的特质。书页很新，全彩色插图在书中很醒目。我了解到，氢有单个电子价为一，原子序数为 1，原子质量为 1.0079。它的化学符号是字母 H。这第一个化学元素对我非常好懂。这种感觉有点像当你阅读一本小说时，看到其中的情感描述，突然发现与你曾经感受过的完全一样。啊，是的，当然。就是这样！

我很兴奋，快速读下去。这一章大约有十页。当我读到末尾时，我举起手，轻轻咳嗽以引起老师的注意。

“继续，”她下令道，“读下一章。”

氧气。原子序数 8，原子质量 15.9994——比氢要重得多。符号是字母 O。我被迷住了。对我来说，这本教科书比任何漫画都更吸引人。即便是从本生灯泄漏出的气体充满了整个实验室，引发爆炸，梅赛德斯修女的头巾和念珠被完全烧焦，爆炸把她整个人掀起摔过马路，穿过修道院屋顶，我的眼睛也会一直黏在书页上。我读完关于氧气的章节后，再次举起手，虽然这次咳嗽声更轻。

修女抬起头，她看到我时，一丝愤怒闪过脸庞。“不行！”她喊道，“小姑娘，你在骗我！”

我左右看了看，确定她是在说我。全教室中的人都很震惊，没有了窃笑或窃窃私语。教室里死一般寂静。梅赛德斯修女缓慢而充满威严地站起来。她有意识地合上文件夹，然后闭上眼睛，用手指摩挲着念珠，停在大十字架上。她用一根手指按压十字架上基督的身体，仿佛它是一个能够触发正确回应的按钮。她睁开眼睛。“这样，”她下令，语气充满讽刺，“背诵你读过的内容。我们有一整天的时间。”

当我感到教室里的目光从她的背后转向我时，我曾有过的所有的喜悦都消失了。我只是按她要求的做了，但我能感觉到我不知何故给自己挖了个很深的坑。“对不起，梅赛德斯修女。”我开始说，但她举起手让我闭嘴。“站起来，贝雷斯福德小姐，”她说，声音依然刻薄，“让我们看看你学到了什么。”

我不知道该做什么，于是从版权页开始。我凭记忆说出ISBN和出版社的名称。为了保险起见，我还报出了出版日期，然后开始讲述关于氢的内容。我试图用祷告的热忱来注入我的背诵，希望能感动她。我一页一页地背诵，包括页码。整个房间保持沉默。修女的脸是一副难以捉摸的面具。后来我将发现，我对方程式有着近乎照相般的记忆力，对其他几乎所有事物也有接近照相般的记忆力。我也是后来才了解到，不是每个人的大脑都像我的大脑一样运作。然而在那一刻，我只知道按要求背诵我所读的内容。当我转到关于氧气的章节时，我开始稍微放松一些，至少可以再次欣赏两个原子质量之间的差异。当我背到第十五页左栏的一半时，修女再次举起手示意我停下来。我几乎可以确定她心里暗暗咒骂嘀咕着，然后她用一只手收起念珠，走出了房间。片刻之后，我从窗户看到她穿过石子铺成的院子，进入修道院。

我做错什么了？我感到恐惧万分。我的同学们没有说话，也没有动弹。空气中弥漫着一种紧张氛围，虽然我无法确定他们是跟我一样感到恐惧还是在期待一场让他们觉得有趣的场面。就我而言，我确信我让所有人都陷入了麻烦。我将被开除，并被送进“逊代威尔洗衣院”，无论法官对贝雷斯福德家族报复的担忧有多大。而这一切都是因为氢和氧。

我还沉浸在这个念头中时，一个通过窗户观察的女孩大声宣布，梅赛德斯修女回来了，身边还跟着波娜。

波娜文切尔修女是圣爱洛修斯学校的校长。我完蛋了。

修女们冲进实验室，急匆匆地走到教室前面，她们的念珠碰到桌子后砰砰作响。我被要求站起来，我的膝盖吓得差点发软，但我还是站了起来。“再来一遍，”梅赛德斯修女告诉我，“这两章，凭记忆背出来。”

我再次从 ISBN 开始。我的手放在我面前合着的书上，手与书的接触是一个可以让我放心的锚点，也许是唯一让我避免晕倒或完全不知所措的方式。在大约背诵到第十三页时，波娜告诉我停下。我停下来了，但依旧站立，以防被要求重复。

波娜转身对梅赛德斯修女说了些话，她们两人交换了一个我无法明白的眼神。然后她又转向我。“坐下吧。”她说。

我坐下来，她没有再说其他的话，随后离开了化学实验室。

梅赛德斯修女回到她的桌子后，指示我们继续阅读，一边整理她的那些文件。无论是我的同学还是我的老师，再没有人对我提及这件事。

一周后，在梅赛德斯修女的课上，有人让我去波娜的办公室。在校长身边等着我的是一个她介绍为浩兰德先生的人，他是科克大学的一名教授。“贝雷斯福德小姐，”波娜说，“浩兰德先生将在以后一段时间里教你数学。”

回想起我当时的反应，我现在忍不住要发笑，但那一刻我感到很羞愧。在接下来的三年里，浩兰德先生给我上的课程使我能够走在同龄人之前，潜入到大学水平的数学中。课程是在一个单独的教室里一对一指导的，浩兰德先生的教授速度极快，这对我来说再合适不过了。在他的指导下，我狼吞虎咽地学习那些数学知识，晚上时与帕特舅舅分享我所学到的内容，感觉与在圣爱洛修斯学校里的任何其他时刻相比，更接近真实的自我。

但站在那位严厉的校长和我从未见过的一个男子面前，不禁让我回到母亲灌输给我的思维方式中，坚信这样被单独挑选出来是证明我犯了什么严重错误。

第五章

布列汉监护对于我的意义

在利辛斯山谷度过我布列汉监护期的第一个夏天期间，我一直对我所受到的关注持有一丝怀疑。起初，我怀疑我的教师们的动机，并认为他们会很快对我失去兴趣。然后，我开始怀疑，人们对我如此关注甚至喜欢我，一定是因为我有什么问题。我一直等待着哪一天我的问题会被揭示出来，从而破坏给我制定的这条美好道路，重新把我打回到我的痛苦之中。等到夏天结束我离开利辛斯时，那层温暖的祝福依旧浓浓地包围着我，直到这个时候，我才开始真正怀疑我的猜疑是否有任何根据。

在科克的冬天里，我的脑子里一直反复不断地想着我所遇到的情况。当我准备晚餐、骑自行车去上学或躺在床上等待入睡时，我回顾了我还记得的在山谷里的每一次接触，寻找可能会出现问题的蛛丝马迹。然而，我找到的是小小的、看似微不足道的时刻，但当通过寒冷的城市灯光审视它们时，却让我认清楚这些就是山谷里的人们对我表示同情和关怀的明证。我找到了更多理由来相信我的老师们和他们对我的爱。初夏时，当公共汽车和马车把我带回山谷，我们的课程重新开始时，那感觉就像是上一次的课程就在昨天晚上才结束，这样的连贯性提供了我所需要的最后一个证明。

与以往一样，我的老师们没有强调他们教给我的知识哪些是重要的，哪些不重要。娜莉拥有一张庞大植物种类及其用途的清单，在他们眼中这并不比我学会用黄油保存一个鸡蛋更重要——我需要做的是学到所有的知识。无论是什么东西，即使是一件小小的琐事，又或者是一个故事、一首歌曲和诗歌，他们都施以同样的虔敬，这是凯尔特文化的重要组成部分。从巴利利克到拉卡瓦恩以及更远的地方的每个农舍中，你都可以看到与这个文化相关的一个场所：为塞恩才（*seanchaí*[①]）保留的一张床。

塞恩才是指云游四方讲故事的人，通常记忆力惊人、讲述技巧动人。这是一个传承的职位，来自一个有着几百年讲故事传统和历史的家族。在天气较冷的几个月里，大约从收获到播种期间，他会到处旅行，与人们分享他的故事。

娜莉的厨房是她的农舍房间里面最大的一间。地面是夯实的土层，坚硬而光滑，就像抛光的混凝土，房间里有一张大木桌和许多椅子。西边的墙上有一个大型的敞开式拱形壁炉，壁炉上方有一个用于放置锅碗瓢盆的台子，还有一个用于挂三脚锅的钩子。炉灶上面放着一个黑锅和三脚锅，还有一个挂钩。在门口的墙边，面对火炉，是 *leaba shuíocháin*[②]，也就是一张椅床。

这个床可以容纳两三个人坐下，或者在上面放一个垫子，就可以很舒服地躺下睡觉。在每个他进入的房子里，塞恩才都有

---

① seanchaí，盖尔语，指讲故事的人。
② leaba shuíocháin，爱尔兰语，指椅床，白天可以当椅子，晚上拉开来成为一张床。

权利使用那张床。他会派一个人先行通知他的到来，第二天早上，你会发现他蜷缩在床上，他的外套被当作枕头用，鞋子在火炉前晾着。那天晚上，厨房里会挤满邻居，塞恩才会展示他的各种武器装备：短小而迷人的故事，称为 *gearrscéal* ①；优美的诗歌；古老的冒险故事，充满了仙女、班兮（banshee②）、变形者 ③ 以及爱尔兰传奇故事中的英雄；还有那些闪烁着神奇的魅力、犹如一根人性之绳将我们紧紧地绑在一起的家族历史。

对于凯尔特人来说，故事就是一切，既是行动，又是一种活生生的创造。塞恩才有能力无中生有地编出一个完整的故事来，人们会走几英里路赶过来，围在他和厨房的火炉周围听他讲故事。我记得有一次，在我离开山谷回科克去学校之前的一个晚上，有一位塞恩才选择留在娜莉和帕特的家里（这样的事一年中可能会发生两次）。一对名叫帕特里克和玛丽·奥弗林恩的老夫妇在黄昏时分来到门口。他们都赤着脚，他们脱下鞋子和自家做的羊毛袜子，涉过从他们农场过来时要经过的小溪。他们的鞋子系在一起挂在肩上，口袋因塞满了袜子而变得鼓鼓的。每个人都拄着一根拐杖，脸上满是笑容。终于到达并听到了故事，对他们来说是一次巨大的胜利。塞恩才的头发在他的头顶上蓬乱地卷起，身穿破旧的旅行服装，他特意为玛丽讲述了一些来自布拉斯科特群岛 ④ 的故事，玛丽小时候曾经在那儿住过，这让她无比高兴。他

① gearrscéal，爱尔兰语，意为“短小的故事”。

② banshee 一词来源于爱尔兰民间传说，指一种女精灵或妖精，据说会在夜晚哀号或悲鸣，以警示即将到来的死亡。banshee 经常与某些显赫的家族联系在一起，她的哀号被视为家族成员即将去世的警告。

③ 变形者（shapeshifter），凯尔特神话中的常见主题，据说他们有能力将自己的外貌从一种形态转化为另一种形态。

④ 布拉斯科特群岛（Blasket Islands），爱尔兰凯里郡丁格尔半岛西海岸附近的一群岛屿。

的话语与壁炉里传出的火光和温暖交织在一起，一直讲到黎明，公鸡啼叫，提醒新的一天来到。

在我上课的过程中，所有的课程在我的心中都是平等的。课程的方式很是特殊，这当然是一个原因，但根本原因是生活给我带来了太大的痛苦。我预期会有更多的痛苦发生在我的身上，只是形式不同而已。另外，我也没有办法知道哪些课程是我最需要的。所以我像海绵一样吸收一切，并对此心怀感激。

只有当我长大一些时，我才感受到其中的一些课程格外重要。这里面有各种原因。有一些老师教给了我如何做我自己的宝贵道理、应对这个世界的各种技巧和方式，这让我能够实现我所取得的一切重大成就。其他一些老师教给了我如何更全面地看待自然，看到人类对自然的影响，并与环境和谐相处。还有一些是美好的回忆，那种美好的经历让生活变得有意义，就像是躺在柔软的床上，让阳光照在我的脚踝上一样让我感到幸福。另有一些老师教给我的则是综合了以上所有的一切。

在我还不了解古代凯尔特人是谁之前，我其实就与他们的一些物质遗迹有过接触。正如我说过的，他们的祭坛、环堡、石堆等在利辛斯到处可见。当地人告诉我，这个山谷的一个特点就是密集地分布着这些古代遗址，因为在这里可以同时看到山脉和大海。几个世纪以来，这些高地成为了观察各种劫掠者和入侵者的战略位置。利辛斯上建造的祭坛提供了与大自然进行最庄严的交流的机会，同时确保不会被突袭而措手不及。

甚至在我的布列汉监护开始之前，在我来山谷走亲访友时，我也会被带到许多个这样的遗址前，进行短暂的朝圣之旅。我会被介绍给祭坛，仿佛它就是一个人。这些都是正式的仪式，带有一种庄严的氛围，而不是随意的问候。我的导游首先会对我说话，然后将我介绍给祭坛，先是介绍整个祭坛，然后指出它的某些特别之处，帮助我认识我的新朋友——比如，这是切割的地方，这是流血的地方，这是能捕捉月光的地方，还有，这是祭坛保存记忆的地方。在其中一次探索中，我发现我的哭石也是一块欧甘文石，是一个古代遗址，一种交流的方法，类似于神圣的报纸或留言板。在石灰石上刻着很多字母，那就是欧甘文，凯尔特人的古代字母。尽管在我了解它是什么之前，我的石头对我来说已经很特别了，但当我终于以一种适当的方式与它相识时，它就变得更加珍贵了。

当我第一次遇到这些废墟时，我总是从骨子里涌起一种熟悉的感觉。就像当你的配偶、兄弟姐妹或父母走进房间时，还没真正看见他们时就能感觉到——在你有意识地察觉到他们的到来之前，空气中会有一丝熟悉的暗示。有时这种感觉是令人安心的，有时则稍微让人放心不下，那是一种未知的看不见的力量在空气中散发出的神秘感。在古根巴拉的神圣岛屿上，离利辛斯北约十英里，圣芬巴尔礼拜堂的修道士们创建的祈祷墙可以让你全身上下的毛发都竖起来。当我在那里时，我总觉得好像有人或某种东西就站在我身后——不一定怀有恶意，因为此地古老的起源是神圣的，与祈祷和献祭有关。

从农舍厨房的窗户望出去，可以看到一个还没有被介绍给我的祭坛。某天上午，正值第一轮家务活和准备晚餐之间的宁静时刻，娜莉正在梳理她美丽的银发，突然间，就好像我们正处于交谈中似的，她开始对我说话。“对于爱尔兰的女人们，在基督教把我们的生活完全颠覆之前，贝尔丹节[1]是一个特别的日子，”她开始说，“在这里它仍然是。”

她告诉我，贝尔丹节是5月1日妇女的庆祝活动。就在那个春天的早晨，山谷里的妇女们会在黎明前起床，聚集在祭坛前的田地上——她朝窗外指了指。她们会收集地上三叶草上的露水，并用它进行一种仪式，她说这是她们美丽的秘诀。当太阳出来时，她们的目光会齐刷刷地转向祭坛。

从我的位置上，我可以看到祭坛的中央刻有一条长长的沟槽。“当5月的第一天太阳升起时，它的光线会直接照射到那条沟槽的中间，”娜莉说。“在夜空的黑暗里，一束光线从天空倾泻下来照向祭坛。当太阳光触到石头时，看起来就像祭坛突然燃起了火焰。它象征着所有在我们穿越生活的孤独之旅中曾经帮助过我们的火焰。”

在古时候，贝尔丹节是凯尔特世界生长的子宫。*Béal* 的意思是嘴巴，*tine* 的意思是火。在这一天，人们庆祝所有通过太阳之火而拥有生命的事物。女性之道——所有的可代表女性的东西——都在这个特殊的日子里被庆祝。那个我在利辛斯每天吃早餐时都能通过窗户一览无余的祭坛，对我来说将成为一个更重要的焦点。

我不知道帕特舅舅和娜莉之间是否有过信件往来。我有理由怀疑有一封信寄到了圣爱洛修斯学校的校长波娜那里。不管是哪种情况，总之我得到了允许，可以离开学校，以便在5月1日的清晨可以在利辛斯。农舍里黑漆漆的，阴影晃动，寂静中充满了期待。在感觉到娜莉的手搭在我的胳膊上之前，我就醒了。“起

① 贝尔丹节（Bealtaine），爱尔兰盖尔人传统节日，通常在5月1日举行。

床了，盖朵儿。这一天来了。”然后她带领我赤脚走出牧场，这样我和她可以感受到我们脚下大地的呼吸。我记得我们走着的时候，寒冷的露水在脚趾间挤出来的感觉。

三叶草[①]，拉丁学名为 *Trifolium dubium*，是一种在爱尔兰的牧草地中蔓延的开花三叶草。自古以来，爱尔兰农民就将其作为休耕作物，它的小黄花是蜜蜂的最爱。“就在太阳的火焰降临祭坛之后，”娜莉告诉我，“三叶草开始从冬眠中苏醒，生出春天的第一抹绿色。”

在祭坛前，我们跪在草地上等待太阳的出现。山谷中的所有其他女人都在旁边。在安静等待的同时，我们进行了一种有控制的呼吸冥想。娜莉用手轻轻拍打我的肩膀引起我的注意，她向我展示了深沉、缓慢的呼吸节奏。

清晨的第一缕阳光在祭坛的沟槽边缘落下一个小点，但只需片刻，整块石头在光线下就变得鲜活起来。它似乎充满了能量。随着光线的加强，我闭上眼睛，等待着它温暖我的脸颊。

一会儿之后，娜莉再次碰了碰我的肩膀。我睁开眼睛，看到我周围的女人们都弯下身去擦拭那新鲜三叶草的晨露。“你看，黛安娜，”娜莉说，“事实上，在这个世界上，美丽是会被注意到的，所以我们别磨磨蹭蹭了。”

她用三叶草沾湿双手，向我展示了她涂抹晨露的方式。她开始用手指在发际线下方美丽的、高高的额头上来回抹拭，然后移到眼睑上，轻轻将露水拍打进两只眼角。接下来，她的手指环绕着脸颊转圈。然后是下巴，她用向上的动作按摩，最后是颈部，

---

① 三叶草（shamrock），一种有三片叶子的酢浆草。shamrock 源自爱尔兰语 seamrog，意思是小酢浆草。三叶草通常与爱尔兰和圣帕特里克节联系在一起，被视为传统的爱尔兰象征。

她从锁骨开始，一直沿着脸颊线按摩了十五次。我模仿着她的动作，随后我们湿漉漉的脸上带着微笑走回农舍。我们让脸上的晨露自然晾干，在一整天里，我的皮肤都有一种愉悦的紧致感，仿佛被轻轻拉扯着。娜莉强调说，这个仪式就是利辛斯的女人们被赐予美丽肤色的秘密。

后来，我证实三叶草确实含有一种具有美容作用的生物化学物质。三叶草叶片的上部散发着一对相关的类黄酮类化合物，被称为异柚苷和异柚皮苷，这些化合物在柑橘类水果中最常见。清晨的露水将这些有益的化学物质溶解在其中，当涂抹在脸上时，它们可以促进血液流动，同时轻轻收紧皮肤表面。可以说是大自然的抗衰老面霜。它除了改善周围血液循环，还有其他好处。通过增加眼部氧合作用，它可以改善视力，尤其对于患有糖尿病的人来说更是如此。而集体的有控制的呼吸冥想则可以帮助人们放松身心压力，降低压力激素——皮质醇的水平。

在那个时候，我并不需要完全理解贝尔丹的含义，就能从中获得极大的快乐。与娜莉度过的时光，与其他女性的宁静交流，等待时的放松感，脸上的露水带来的清新感觉，以及观赏日出将山丘和祭坛点燃的壮丽景色——所有这一切就足够了。那一天至今仍然牢牢地镌刻在我的脑海中，成为我快乐和女性友谊的源泉。

第六章

田野实验

爱尔兰人说欢笑能缩短旅途。对的，就这个方面而言，帕特·利辛斯深知这句谚语的真谛。

他是个对爱情忠贞不二的人，因为他年轻时心爱的女人选择嫁给了别人，他一直单身。他在弥撒中把她指给我看，并悄声告诉我她的名字。她很可爱。他是个很勤劳的人，他只希望他日夜辛勤耕种的土地能够供给我们生活所需的东西。还有，上帝啊，他太有趣了！

他的幽默方式会时时改变。他可以快人快语，像闪电一样敏捷，轻松调侃娜莉和我所说或所做的一切。他拿捏两种语言，爱尔兰语和英语，精通双关语，尤其是爱尔兰人特有的那种表面上说一回事，实际上意思恰恰相反的习惯。然而，最重要、也最常见的是，他喜欢扮演阿马丹（*amadán*①），假装愚笨来让我们发笑。坐在厨房的桌子旁，他会拿起一把叉子，说："噢，看看，

① amadán，爱尔兰语，指愚蠢的人或假装愚蠢以引发喜剧效果的人。

这是做什么用的？我应该拿它做什么？”他那样子让人感到真是滑稽。他那说话的腔调，即使说上一些最简单、最愚蠢的笑话，也会让我们乐不可支，笑得从椅子上掉下来。

有一个夏天，我和他一起移栽作物，我们从田垄的一端一路笑着到另一端。不管他一天工作多长时间，他从未表现出疲惫的迹象；他眼睛中闪烁的欢乐，嘴角边挂着的笑意，让我在与他一起劳作时感到无比快乐。他可以把每个艰巨的任务都当成一种乐趣，因此我与他一起走过的路总是变得更短。有了帕特在我身边，我愿意踏上任何旅程,甚至是那些我不确定能否达到目的地的旅程。

农舍的前门口有一道长长的石阶，横跨整个房子和马厩。这是一个观景台，可以俯瞰田野。站在石阶上，右边是果园，里面有苹果树、梨树和槟樱桃树，而前方是牧场和庄稼地，缓缓地倾斜下去，进入山谷的中心，那里的杓鹬唱着她们哀婉的歌声。所有的田地都是两三英亩大，由着荆豆篱笆、水沟或低矮石墙分隔开来，它们都有自己的名字。叫作 *Gairdín*（花园）的田地是农场上最好的、最绿的草地，动物在挤奶前会被牵到那里放牧。花园旁边是干草田，四周是榛树，叫作 *Corylus*①，它们只长到十英尺高，但随着树龄的增长，体积变得更大，形成了一道密集的活的篱笆，围绕着干草田。在干草田的右边是田脊背（*Droim*②），得名于它看起来像一头躺在山谷里休息的巨兽的脊背。田脊背上种植了庄稼，那里的树篱丛中长满了黑莓和覆盆子。

在我的布列汉监护过程的第一或第二个夏天的最后几天，傍晚从石阶上望出去，我看到帕特在田脊背的边缘挠着头，显出一

① Corylus，欧榛，也称欧洲榛，落叶灌木，春天长出下垂的柔荑花序，秋天结出成串坚果。
② Droim，爱尔兰语，背脊或山脊的意思。此处上下文中，它用来描述一片农田。

副苦恼的样子。我匆匆走下去，发现他站在干燥的 8 月空气中，仔细地观察着那片金黄的大麦，麦穗在阳光下摇摆。帕特微笑着打招呼，轻轻拍了拍我的上臂，但他眉头紧皱，有一丝与往常不同的紧张。我问他怎么了。“没有什么解决不了的，盖朵儿。”他回答。

帕特沿着田边走了几步，摘了几个麦穗。他拿着它们回到我身边，边走边用他的大手揉搓着将谷物脱粒。他用指甲划过种子，一边展示，一边将白色的面粉撒在手掌上。大麦已经成熟可以收获了。我知道这是件好事，因此我兴奋地朝他微笑。

“啊，还没有呢，盖朵儿，”帕特慢慢摇了摇头说。“拖拉机坏在凯尔基尔了，没办法及时修好开到这里了。”

帕特没有自己的拖拉机。当他需要时——比如割麦时——他会让拖拉机的主人从山谷的另一边把机器开过来。但那个人的拖拉机坏了，所以大麦只能手工收割，而且要尽快进行，以免庄稼过熟和变质。田脊背是农场上最大的一片五英亩的田地。通常在这种紧急情况下，帕特会向邻居求助，但现在整个山谷的农民和农工都忙于收割庄稼，没有空闲。

“我来帮你吧。”我主动提出。

帕特的笑容回来了，比以前更灿烂，他的眼中闪烁着他常有的欢快。“是啊，盖朵儿，”他笑着说道，“你肯定得帮忙。”他拍了拍我的肩膀，又朝田野望去。“*Faoi mhaidin*[①]，”他说，“我们明天开始。”

次日，当我们踏上田脊背时，晨露在脚下晶莹剔透。帕特背着镰刀和磨刀石，我则双手空空，但心怀坚定的意愿，充满力量

① Faoi mhaidin，盖尔语，意为在早上。

(我只有两只手和一个年轻而愿意付出的背脊）。在田地边上，帕特先是割了几下，然后向我展示如何用大麦秆当绳子，如何捆扎麦捆，然后把它们排列成金字塔形的捆垛，让麦穗离开地面，以便大麦颗粒可以在空气中干燥和成熟。我点了点头表示理解，深吸了一口气，我们开始了。

帕特收割着大麦，镰刀划出一条条弧线，平稳地推进，我则把大麦收集起来，将它们捆绑在一起，然后整齐地排列成捆垛。帕特对自己很有信心，割麦速度很快。我努力跟上，担心自己会落后太多，让他失望。中午时分，太阳高挂，烈日炎炎，我的背部疼得厉害，但我的双手变得熟练起来。我保持着弯腰的姿势，不去理会那种让我想躺下或至少伸直背的疼痛。当他停下来用磨刀石磨镰刀时，我终于迎头赶上帕特。我们只是在下午时，停下来一次，喝茶，吃下一片涂了黄油的面包。当我们听到凯尔基尔教堂钟楼报六点的时候，面前只剩下一小块站立的大麦。我们会在黄昏前完成。当最后一堆麦捆整齐地排列好后，我们穿过麦堆投下的阴影回家。帕特把镰刀挂在马厩里，他几乎抬不起手臂。在厨房里，娜莉已经等着我们吃晚餐，这是一顿比较晚的晚餐。我们瘫坐在椅子上，筋疲力尽，但心中满是胜利的欢喜。

这一天的“田野实验”——我用这两个词来形容那一天——不在我的凯尔特教育课程之中，但它教会了我人生中最宝贵的一课。回过头来，想想那天早上，望着那片田地，我不相信我们能完成收割。这是一项异常艰巨的任务，而我只是个微不足道的助手。但是因为我爱帕特，爱这片农场和那一片田脊背，因为我爱那一片大麦，不能忍受看到它遭殃，所以我愿意去尝试一下。我深吸一口气，迈出了第一步。这两步最终让我意识到自己能做成看起来太过艰巨、根本无法完成的事情。我认为每个孩子都应该有一个像“田野实验”这样的经历，把他们扔到一条他们认为永远无法走到尽头的道路上——出于对自己、他人和世界的爱。当他们最终达到目的地时，他们会像我一样意识到，即使是不可能的事情也可以完成，只要你愿意迈出第一步并全力以赴。然后，像我一样，他们将知道自己能做任何事情。

第七章

树木都去哪儿了

我无法确切记得我第一次意识到利辛斯的景观中没有树木是在什么时候。有一天，我无意中问了娜莉关于爱尔兰橡树的事。我跟她说我从来没见过一棵橡树。她给了我一个奇怪的回答。她说，在格伦加里夫[①]那边有一条爱尔兰橡树大道，是维多利亚女王在那里的狩猎小屋种下的。我思考着娜莉的回答，并想到了我父亲的家族也拥有森林，分别在爱尔兰、英格兰、法国以及美国亚利桑那州和新墨西哥州。富人和有名望的人仍然有森林，但普通人没有？我从未问过娜莉爱尔兰的森林去了哪里。现在回过头来看，答案就存在于土地、人和史书上的残酷之中，它们就在那里，直勾勾地盯着我。

从我在贝尔格雷夫广场的林子里，巴雷特博士向我真正介绍树木开始，我就对它们着迷了。我所认识的树木是我生活中最奇妙、最可靠的一个存在，我渴望见到更多的树木，并去了解每一

① 格伦加里夫（Glengarriff），爱尔兰科克郡的一个小村子，以旅游胜地闻名。

种树。我每到一个地方都会去寻找树木，但似乎只有在我的父母带我去英国庄园拜访熟人时，才会遇到它们。虽然我看到在爱尔兰的景观中树木稀少，但这并不让我感到奇怪或有什么不祥的感觉。相反，我相信在年幼时，我将其视为理所当然的——这倒成为一个证据，说明树木真的很特别——而没有意识到爱尔兰以前并不总是这样树木稀疏。

在我的哭石被正式介绍给我，让我了解到它的缘由和用途后，我也第一次认真观察了欧甘文。在古代，德鲁伊使用一个名叫欧格马（Ogma）的年轻凯尔特人创造的字母表，在这些矩形大石头的侧面刻下信息。我的哭石上覆盖着由平行和交叉线条组成的细小字符。尽管有些字符因天长日久和风吹雨淋而变得难以辨认，但也有不少是看得清楚的。有些时候，当我的目光从山丘和大海收回，当大自然融入我的内心，让我平静下来，当咽下的眼泪引发的悸动过去时，我会转身研究石头本身，这块古老的、给我带来了如此多安慰的石头。起初，只是靠我一个人，我对欧甘文毫无头绪，但在我鼓起勇气询问这些标记的含义之后（这是在我开始那些课程学习之前），娜莉告诉了我关于古代凯尔特人书面语言的事。

欧甘文字母表由十九个字符组成，其中大多数以树木命名。娜莉用手指在厨房桌面上画出每个字符的形状，一边为我逐一念出它们的名称，第一遍用盖尔语，第二遍用英语。*Ailm*，松树。*Beith*，白桦树。*Coll*，榛树。*Dair*，橡树——说到这个词，她停顿了一下，对德鲁伊们最喜欢的树木表示尊重。*Eabha*，白杨。*Fearn*，桤木。*Gort*，常春藤。*Huath*，山楂。*Iúr*，红豆杉。*Brobh*，灯芯草。*Luis*，花楸树。*Muin*，黑莓。*Nion*，白蜡树。*Aiteann*，荆豆。*Úll*，苹果。*Ruis*，接骨木。*Sailí*，柳树。*Tinne*，冬青。*Úr*，石南。*Straif*，黑刺李，这是其中最后一个。（我把它们都列出来了——每个字母，它们所代表的树木或植物，以及它们的意义和用途，详见本书的第二部分。）

娜莉稳定的话语节奏和她的指尖在桌子上的移动就像一种咒语。我对那一刻的魔力感到非常兴奋——感觉她很有可能从空气中召唤出一片森林来——我没有想过欧格马是如何知道那些在爱尔兰并不生长的树木名称的。我没有想到要问娜莉德鲁伊的学者（*ollúna*）是在哪里遇到他们字母表中的松树和橡树的，也没有问古代凯尔特文化中的白杨树和桤木都去了哪里，我只是向她表示感谢。树木是那样地仪态威严，我只是想当然地认为人们会用它们作为构建语言的基石。对我而言，这太有道理不过了。

但是当然，关于那些树木之谜的答案是爱尔兰曾经遭遇过森林砍伐。在铁器时代之后，森林砍伐在宗教迫害时期进行得如火如荼，那是英国占领爱尔兰的五百年期间，我母亲给我讲过的教士跳过凯马尼希山口的故事，只是展示了这段历史的一瞥。凯尔特人是森林民族，他们的文化诞生于曾经覆盖着这个国家大部分地区的落叶雨林。但随着英国人对爱尔兰的征服，他们砍伐了这些古老的树林。他们砍伐森林用作海军造船厂所需的木材和工业生产所需的木炭。他们砍伐森林以清空像拉卡瓦恩这样的地方，因为爱尔兰人可以在那里隐藏、组织起来，并策划和发起反击。他们砍伐森林，也是为了切断凯尔特人与他们文化和语言之间最具有实质性连结的纽带。

在那段宗教迫害时期里，爱尔兰人被禁止拥有树木，甚至被禁止拥有某些种子——他们实际上只能种植土豆来充饥。我的利辛斯的老师们大多年过八九十，他们在漫长的一生中几乎没有看到多少树木。在山谷里，低矮的冬青和榛子漫山遍野地生长，就像灌木一样。我后来得知，那些传授给我的关于树木的知识是早在我出生之前很久就已经几乎完全消失,后来才逐渐重建起来的。这些知识在凯尔特人关于树木及其用途的智慧中，仅仅是一点点的残余部分。不然还能怎么样呢？因为根本就没有树木可以从中学习了。

或者说是几乎没有树木。在整个利辛斯山谷，有一棵树还屹立不倒。碰巧，这棵爱尔兰大森林的唯一幸存者就生长在娜莉的农场里。

这是一棵欧洲白蜡树，拉丁学名为 *Fraxinus excelsior*，独自在那里可能已经生长了数百年。这是一棵巨大的树。其巨大的树冠覆盖了牛棚，并高耸地伸向天空，以至于它的树叶越过后山的屏障，让人能够从遥远的班特里湾看到它们在微风中摇曳。我不知道他们是如何保留这棵白蜡树的；当我还是个孩子时，我从未想过要问这个问题。我认为它的存在是理所当然的。房子建在那里，奶牛长在那里，大地在这里，树也在这里。但我真希望当时能想到问一问：这棵树为什么在这里？为什么是这棵树，而没有其他树？

我一直认为这棵白蜡树是娜莉的——不是她的财产，而是她的守护者。她常常会走出奶牛场，踏进这棵树的巨大阴影中，陷入冥想。从窗户或门廊，或者从院子里的不远处观察娜莉和这棵树，我觉得他们在互相交谈，他们之间仿佛存在一种心灵感应。最终，娜莉会睁开眼睛，摇摇头摆脱恍惚状态。她又充满了新鲜活力，她会拂去土布裙子上看不见的面粉渍，然后回头寻找我。

她总是在找我。

后来，我更深入地理解了娜莉和这棵白蜡树之间的交流。对德鲁伊来说，树木是有感知能力的存在。这种观念不只是凯尔特人有，许多身处古代广袤原始森林中的人类文明也有类似的信仰。凯尔特人相信，在夜晚或大雨后，可以更清晰地感受到树木的存在，而且某些人更能够与树木相处，能够更好地感知它们。对于这种感知能力，他们有一个特别的词——*mothaitheacht*[①]。它被描述为一种能量或声音在你的上胸部穿过的感觉。可能 *mothaitheacht* 是一个古老的表述，对应了科学上相对较新的一个概念：次声或"无声"的声音。这些声音的频率低于人类听觉范围，通过长波传播很长的距离。大型动物（如大象）和火山会产生这些声音。一些大树曾经被测量出散发这些长波。孩子们有时可以听到这些声音，我相信娜莉也能感觉到它们，甚至能在某种程度上解读它们的含义。

娜莉的白蜡树是一棵巴尔（*bile*[②]），一棵神圣的树，德鲁伊医师从中培育出许多不同的药物。娜莉保留了一些相关知识，在冥想结束和看到我之后，她会小心地收集任何掉落在地上的树枝，用裙子把它们兜起来。因此，白蜡树周围的开阔空地总是干净整洁，如同一颗崭新的图钉一样。

我的生日在 6 月下旬，那年我十五岁，仿佛随着我吹灭蛋糕上的蜡烛的一口气，给天气带来了剧变。那年的 6 月和 7 月都是干旱的月份，但在我生日后不久，雨水降临了。在爱尔兰语中，有一个词叫 *báistí*，用来描述一场农业灾害，暴雨淹没田地，冲

---

① mothaitheacht，爱尔兰语，意为感知能力。
② bile，爱尔兰语，意为古老、神圣的树。

走庄稼，沼泽地浸透了水，无法切割做燃料用的泥炭。那个夏天就发生了这样的情况。几天的倾盆大雨后，帕特·利辛斯迫切地要完成沼泽地里的工作。要切割泥炭并晾干，以便在阴湿的冬季为农舍取暖。

此前的“田野实验”让我深信，通过帮助帕特我能获得喜悦和满足感。那天早上，我发现他坐在装满麻袋的马车上，上面还有一把被称作 *sleán*[①] 的切泥炭用的特殊铲子，于是，我迫不及待地爬上车坐在他旁边。马轻轻地抖动了一下。我们驶过两边长满冬青的小巷，经过旧石板井，穿越田野，最后停在长而狭窄的沼泽边缘的湿软芦苇地带。

泥炭被切成长方形大砖块形状。切泥炭的人往前移动着，在他们身后留下一面垂直切割的墙壁。在帕特的泥炭地里，这堵墙超过八英尺高，底部混浊的黑褐色水中带有一层彩虹般的油光。帕特趴着下来，身子陷下去，直至膝盖处，他告诉我这是一处特别危险的泥炭沼泽。“不止一只动物在这里淹死了，盖朵儿，”他警告说，“你要小心点。”

我的任务是站在切割墙的上面，接住帕特从他的铁铲上投掷上来的泥炭块，然后把它们倒过来沥掉一些水分，再摆放成一系列四块一组的方垛，这样它们更容易干燥。我必须用手检查每个方垛，确保它牢固地立在那儿，能够抵挡风吹，帕特以后会回到沼泽中翻转一下所有的泥炭块，使每一面都能接受夏天的阳光并晒干。帕特今天切割的是沼泽深处更密实的泥炭块，因为在寒冷的冬季，它们燃烧较慢，因而用处更大。这种类型的泥炭块燃烧时更像煤炭。

---

① sleán，爱尔兰语，指专门用于铲泥炭的平头双面铲。

我们的活还没有干上多久，帕特的铲子突然铲到了一个坚硬的物体，被迫停了下来。帕特用铲子铲掉了这东西外围的泥巴，显露出了它的轮廓，然后把这个黑乎乎的块状物拿起来，扔到墙的上面，落在我的脚边。这东西湿漉漉的，渗出棕色的液体，散发着一种奇怪的气味。帕特用铲子将它翻了过来，抬头看着我迷惑的表情，他笑了起来。

“喂，盖朵儿，”他说，“猜猜这是什么。”

我跪下来检查这个块状物，心中在想，它是一个头骨，但似乎又不像。“不是头骨，”我说，“形状不对。”

“这个啊，这就是一株古老爱尔兰橡树的心材①，”帕特说，“我敢打赌，它来自于两千年前塔拉宫（Court of Tara②）建成时生长的树。这种木材叫作‘泥炭橡木’，雕刻家们很喜欢它。盖朵儿，你看到的正是爱尔兰大森林留下来的一点遗迹了。”

我此前已经了解了英国对爱尔兰的占领和树木的消失，但此时出现了第一个证据，就在我的脚边。这个证据不仅证明了爱尔兰曾经是一块森林茂密的土地——确认这个本身就令人惊诧——而且还证明了树木的消失是人为造成的。看来，并不只是因为季节的更迭导致了自然的变迁，利辛斯的景象更不是我过去想当然认为的那样固定不变。树木和植物，那些最让我着迷的生物，可以在突然间就消失殆尽。更让人难以接受的是，就有那么一些人导致了那个结果的发生。

我非常沮丧，一屁股坐下来，从腿上抓起一把从心材上沾到的一长溜棕色的泥浆。帕特回到沟壑里干活了，看不到我脸上的

---

①心材（heartwood），指树干中央部分的木材。
②Tara，指塔拉山，见第三章注。

表情，我环顾沼泽，望向山谷里的农舍，竭尽全力试图召唤树木重现。我眼里含着泪，努力克服喉咙中的哽咽。

“帕特，”我终于说道，“想象一下这里有森林的时候该是多么漂亮。”

我在墙上听到他的回答，跟他通常说话速度一样快。“啊，盖朵儿，从这沼泽底下去想象过去的事，那可不是件容易的事儿。”

第八章

呵护之责任

当我的布列汉监护过程开始时，利辛斯的老师们甚至都不知道这个过程会持续多久。他们只是按照凯尔特三原则[①]的要求，持续在身、心、灵三方面对我进行抚育。当他们都满意地发觉“这个盖朵儿，这个 *leanbh*（孩子）正在茁壮成长”时，他们一致认为我已经吸收了我需要的古老的知识，包括一种激发内在心灵感应的能力，以及作为一个女性保护自己的能力。到第三个夏天结束时，我对丧亲之痛的感受已经大大减弱，可以在听了帕特·利辛斯的笑话后大笑不止。我终于能够“独自行走”了。

令人惊叹的是，我也实实在在地感觉到我能自己照顾自己了。快满十六岁的时候，我开始变得独立。我管理科克的家务事

① 凯尔特三原则（Celtic Triad），通常指 Celtic Knot（凯尔特三联结），由三个相互交织的圆弧组成，没有起点和终点，是凯尔特文化中最受欢迎和最持久的符号之一，也通常被视作爱尔兰和凯尔特文化遗产的象征。凯尔特人崇拜数字三，相信一切重要的事物都是三的倍数，因此 Celtic Triad 的意义会因使用环境而有所不同，可以代表生命的三阶段——出生、生活和死亡，或者三种元素：土、空气和水，或者神圣三位一体——圣父、圣子、圣灵，等等。在这里，它指的是身、心、灵三合一，代表了对个人健康和发展的全面关怀。

已经有了两年时间，同时一边还上学。利辛斯的长辈们给予我爱和温暖，扶我走上正常的生活，他们给予了我勇气。除此之外，还有法官、我的辩护律师和诉讼律师也认可我可以和帕特舅舅住在一起，直到我满二十一岁。尽管晚上时间不让我外出的规定仍然存在，但大部分时候我都能够将那种有可能被关入逊代威尔的抹大拉洗衣院中的巨大恐惧甩到脑后,虽然它偶尔仍会困扰着我。帕特舅舅已经知道可以相信我。我总是在厨房桌子上留下一张便条，上面写着我要去拜访的朋友的姓名和地址。我们之间逐渐建立起来的互相尊重似乎加深成了一种爱的纽带。圣爱洛修斯学校的修女们对我特别关照，她们的体贴也保护了我。科克艺术学校的美术老师们把我视为一个刻苦认真的学生。此外，我还学会了设计和裁制我自己的衣服。简而言之，我重新站稳了脚跟，双脚稳稳地抓住了地面。

我没有预料到的，而且直到很久以后才完全意识到的是，我也已经准备好了关心自身以外的事物。我认识到，普通如我者，也有自己的价值，而且无需做出什么特别的事去证明这份价值。在知道了这个道理后，只要稍稍前进一步，就能看到他人身上也有同样的价值。再往前一小步，更显而易见的是，自然界的一切都拥有其固有的价值，我们有责任去呵护关怀它们，就像呵护和关怀自己以及亲人一样。这种信念，即一个人应该像爱自己一样爱他人和大自然，是凯尔特哲学的核心。它已经通过我接受的每一堂课深深地烙印在我心中。在过去的这么多年里，我的眼睛早已经染上了荆豆花、石南和海风的色彩，如果离开了它们，我无法想象会有更加充实和快乐的看待世界的方式。

当然，如同爱人一样爱树木，这并不需要像越过凯马尼希山口一样的信仰支撑，毕竟树木是我的老朋友。但我感觉在某种程度上，对很多人而言树木也是他们的老朋友。它们是那么巨大，那么神奇，爱上它们并不是一件难事。设想一下，带一个孩子去看北美西部的古老红杉森林，他们的反应不会充满爱意？不过，当初我在泥炭沼泽中获得的感悟却不是那么自然而然地产生的：人类的行为可以对自然界产生巨大影响，正因为如此，我们每个人都要对周围的一切负起一份呵护的责任。

凯尔特人将这种责任感融入了他们的文化。在与娜莉进行的第一次医药知识传递的散步中，她教导我在收获大自然的恩赐时最重要的规则是："总是留下足够的东西能够给到第七代。"

我相信（这个观点后来更是在科克大学医学图书馆的书架上得到了培育和支持）这个警告是凯尔特人和许多其他古代民族的经验教训，它源于古希腊的一场危机。在基督时代，有一种伞形科植物（*Umbelliferae*）——包括芹菜、欧芹和胡萝卜的植物家族——只是生长在地中海地区的一小部分地方。这种不寻常的植物就是巨型茴香（giant fennel），它被用作避孕药，一般情况下是以液体煎剂形式饮用。由于过度采集，这个物种灭绝了，引发了人口激增，给农业生产带来巨大压力，导致粮食短缺和其他匮乏。

为了确保不再发生类似的情况，于是就有了口口相传的警告。"第七代"这个说法就是这样一种警示，告诫后世要遵循这个教训，提醒后代，他们离不开大自然的馈赠。这是一种警告，警告我们要摒弃对财富的贪婪和不必要的积累，而这种贪婪和囤积却正是我们现代社会的特征和驱动力。

在第三个夏天结束时，娜莉陪我走到凯尔基尔教堂附近的克里顿护士的诊所。到了那儿，我发现这个地方挤满了来自山谷的人，他们是在我接受布列汉监护期间教授过我的人。这是我的毕业典礼。

我被引导到房间的中央。在所有那些熟悉的、慈爱的老者面孔的环绕下，我感觉到自己被爱所包围，沉浸在一种前所未有的温暖中。那个时刻我内心充满了一种信念，觉得任何事情我都可以做到，这种信念将支撑我日后的生活。

玛丽·克罗宁（Mary Cronin）也在那里，她要为我“算命”，预测我的未来，并以这种方式结束我的布列汉监护和教育过程。玛丽是该地区的预言家，第二视觉[1]的能力在她的家族中代代相传。我一直害怕让玛丽预测我的未来，害怕她可能看到一些不好的事情发生在我的身上，在过去的岁月里，这样的事我经历得太多了。几个月前，比迪姨妈在睡梦中过世了。

我不想再听到任何人的死讯。然而，在这里，在我的老师们中间，我已经准备好了。

玛丽告诉了我许多事情。她告诉我，我将会嫁给一个像狮子一样守护我的男人；我可以证实，我的丈夫克里斯蒂安确实如此。她描述了克里斯蒂安和我的家，一所“在湖泊和常青树中间”的房子；如今我丈夫和我在安大略共同拥有这个家已有近半个世纪。她告诉我，我将“攀登上成功的阶梯”，并在到达巅峰时会意识到成功是什么。她还说我在中年时会开始从事写作，于我而言，确实如此。她向我描述了我生活中会有的一些美妙的和难以解释

① 第二视觉（second sight），指超越正常人类感官范围的超自然或心灵能力，具备第二视觉的人据说有能力预知未来事件，获取对过去或现在的洞察，或感知隐藏的知识。这个说法特别与凯尔特民间传说有关。

的经历，其中一些与加拿大第一民族[1]有关，她告诉我，我是“受金雕[2]保护的女人”。她为我描绘的场景大部分都已经成真了。不过，我的一生只是过着非常简单的生活，所以，“成功人士”这个说法，还是让我感到不适。

这些预言是玛丽通过她的第二视觉所得到的幻象，来自玛丽自己。但是我发觉她的话即将结束时，她伸出双臂指向房间，此时此刻，我知道她是在向我表示，她最后要说的话代表每个人，代表整个山谷和凯尔特传统。

“黛安娜，你肩负着一项神圣的使命，”她说道，声音带着激动，“我们都已经老了，无法永生。当我们离世之后，你将成为爱尔兰古代世界的最后一个声音。之后将不再有其他人。”

玛丽向我保证，我不必担心责任的沉重。我是蒙斯特国王的后裔，我的外祖父是布列汉法官丹尼尔·奥多诺休。流淌在我血液中的是承载和保护凯尔特知识的使命，我的家族保护过那些知识，就像那些知识将保护我一样。但是我还另有一个使命。

“你必须将这些信息带到新大陆，黛安娜。”她说。“爱尔兰的年轻人对此视而不见，被他们所追求的事物蒙蔽了双眼。然而，大洋彼岸的人们有一天将渴望拥有古老的知识，并将认识到这是拯救自己和世界的唯一途径。”

“你只需要等待他们准备好。你会知道他们何时会准备好。”

---

① 第一民族（First Nations），是一个在加拿大常用的术语，取代了过去的“印第安人部落”一词，用于指代加拿大原住民，但不包括因纽特人（Inuit）和梅蒂人（Métis）。每个“第一民族”都是一个独特的文化和政治实体，具有自己的历史、语言和文化实践。

② 金雕（Golden Eagle），生活在北方地区的雕类，以力壮迅猛著称，古代人赋予其神秘色彩，以示尊重。

第九章

古老知识中的科学

我将玛丽·克罗宁的话语珍藏在脑海里，那个预言令人心驰神往，但却仍然非常抽象。在我的监护生活结束的那个最后的夏天，我只有十六岁，还没有摆脱科克的法官和律师的监视，更不用说自由地离开爱尔兰，去追寻我生命中真正的目标。

我已经不再是丧失双亲成为孤儿时那个无助的女孩了。如今，我已拥有来自利辛斯的古老知识的庇护，那是一些坚如磐石的知识。然而，尽管我的生活在很多方面都得到了改善，我依然感到非常孤独。那个夏天结束后，我要经历一个转变，在山谷里我感受到温暖，拥有一种归属感，现在则要回到城市中去，大部分时间要孤独生活，这种转变让人很是难受。不过，当我自问“为什么这些事情都发生在我身上？”的时候，我有了一个答案。玛丽·克罗宁和利辛斯的女性们告诉了我，这一切都事出有因。既然我被选定承担如此重要的任务，我意识到我必须要沉着应对伴随而来的所有困难。因此，我开始将自己与同学们之间的疏离以及由此产生的孤独，更看作是理所当然的事情，或者说既是一种负担，也是一种不可思议的被恩赐的礼物。这样一种坦然接受的态度给了我真正的安慰，它仿佛给了我一种许可，让我去展示真实的自己。既然我无法控制他人对我的感受，那么我为什么要因为害怕让他人感到不舒服而隐藏自己的才智或任何真我的其他方面呢？对我而言，数学就是诗歌，书籍就是食粮，科学则是空气。有谁知道这些，对我来说已经不再重要。

我继续以飞驰的速度学习数学——我喜欢这节奏，校长请来的教授给我授课，虽然我人还在圣爱洛修斯中学，但已经开始学习大学水平的课程。那些课程成为了一种公开的秘密。我的同学和给我上课的老师们从未与我谈论过这些课程，我在所有科目中获得的高分也同样没有被特别提及。帕特舅舅把我的成绩单连同水费、暖气费和电费的账单一起放在桌子上，到最后都未打开就被扔进了垃圾桶。

尽管从来没有人直接与我交流过，但我不断提升的学习成绩方面的声誉最终使我在帕特舅舅的书房之外拥有了社交生活，即使一开始是一种有着明确功利目的的社交。学校的衣帽间是我喜欢待着的地方，我可以坐着安静阅读，女孩子们开始出现在衣帽间，在她们感到困难的科目上向我寻求帮助。我在英语和盖尔语的写作课程上提供一些指导，同时也提供一些数学或科学概念方面的帮助。我是那个藏在厚厚的外套、帽子和围巾后面的导师。“找黛安娜，她在衣帽间。她会帮你的。”

虽然帕特舅舅并不在乎我的成绩，但他对我所学的内容仍然充满着浓厚的兴趣。除了与他一起在他的书房中挖掘和分享思想和意象之外，我还从外面世界带来了全新的发现。看到一些激发了我的想象力的东西也在他身上产生了类似的效果，这让我兴奋异常，这种交流——事实上是我们关系的基础——继续加深了我们的关系。我还开始通过做裁缝制衣、设计和制作当地舞会的海报等方式赚一点钱。我用这些额外的收入为我们买更好的食物，尽管这并没有引起帕特舅舅太多的注意，至少不像一个新想法那样重要。

因此，我在上学的同时也照顾着贝尔格雷夫广场的那个家。我和帕特舅舅经常一起共进晚餐，有时一起阅读，而我其他的闲暇时光大部分都花在画画方面。在我完成布列汉监护之后、离开爱尔兰之前的五六个夏天里，我随身携带着我的颜料来到利辛斯。每当帕特·利辛斯不需要我的帮助时，我就会去欧凡纳河，或者是骑车去巴利利克，带着颜料和画笔、一个装着水的果酱瓶、一些抹布，我会坐在草地上画一整天的画。娜莉的整幢房子占据了我的大部分作品。在我十五或十六岁时，我提交了其中的一些作品，参加了一些比赛，并获得了去伦敦斯莱德艺术学院（Slade School of Fine Art in London）的奖学金，但我担心如果成为一名艺术家我会挨饿，所以最终没有去。然而，我在科克艺术学院继续上课。每天在圣爱洛修斯学校最后一声钟响后，我就去那里，在蒂根先生的指导下练习，直到我不得不赶回家以遵守宵禁的规定。

绘画教会了我一种看待世界的方式，尤其是看待自然的方式。它教会了我如何一览周围的美景，同时也关注到最微小和最美好的细节。因为需要在纸上重现它们，我发现了不同的叶子有如此之多种多样的构造方式，整棵树、一棵草以及我眼睛所看到的任何其他事物也是如此——比如娜莉桌子上一个碗里的苹果的根茎这样简单的事物。艺术还激发了我的创造力，这也是帕特舅舅所鼓励的。他可能不知道一个女孩需要吃饭，因为他自己对这些事情关注甚少，但他培养我要在智力上独立，得出自己的结论，抵制其他人试图限制我的思维的束缚。阿尔伯特·爱因斯坦曾经说过，科学家最伟大的天赋就是想象力，他说得完全正确。我们可以摆脱他人的要求和期望,但我们始终受到我们创造力的限制。如果你没有首先将它想象成是一种存在，你就无法进入新的知识领域。这种勇于去梦想的天赋，去超越看似可能的事物，是艺术给予我的，也是在帕特舅舅的家里赋予我的。

当我从圣爱洛修斯毕业时，我已经结交了几个亲密的朋友，但我仍然没有被邀请参加同学们的舞会和派对，这些舞会和派对的举行是因为几个男孩来到了我的同学们中间。我的名字本身依然让我与众人分隔，而家里的经济状况也是一个原因。比如，与圣爱洛修斯的许多女孩不同，帕特舅舅和我并没有在克罗斯黑文①海边拥有一座乡间别墅。另外，我的智力也使我与众不同，尽管这也让我成为他们好奇的对象。

然而，随着高中毕业和成年生活的现实临近，我的智力能带来的可能性——它能打开的真正可能性——开始吸引更多的人注意到我。我特别记得，那个时候我开始认识一个由六个女孩组成的小团体。她们不是我亲密的朋友，但每个星期二晚上她们都邀请我喝茶吃蛋糕。她们中没有一个人是会去读大学的，相反，还不到二十岁，她们都已经参加工作了。

我将前往科克大学学院，她们因此对我抱有敬佩之意。但她们也喜欢我，是因为我对学术以及未来发展的事情并不自负。我

① 克罗斯黑文（Crosshaven），科克港附近的一个旅游胜地。

知道继续我的教育并不会让我比她们高明多少，她们也欣赏我没有为此表露出炫耀的态度。那些女人是我曾经有过归属感的第一个同龄人社交团体，她们不仅仅接受了我，实际上她们也希望我和她们在一起，这个事实本身更让我确定，让真正的自我闪耀，不瞻前顾后，是正确的选择。在接下来的几年里，这些女孩都结婚了，并开始有了孩子。我继续尽可能地去拜访她们，但我也有自己的计划，这也是她们对我最欣赏的事情之一。我梦想成为一个生物化学系的主任。

很早之前——也许是十三岁的时候——我为自己制定了一个坚定的规则：不要浪费每一分钟。你所拥有的最珍贵的东西就是你的时间。生命苦短，生与死是你生命的界限，在这两端之间，则是你自己努力要取得的一切成就。上天给予我们的时间是有限的，我父母的离世以最痛苦的方式向我展示了生命可以随时突然终止的事实。因此，在选择大学学习什么科目时，我决定尽最大的可能满足我对知识的渴望。

我选择了医学生物化学和植物学的双一级专业，同时努力在这两个领域获得本科学位。在我上大一时，我还没有收到遗产中的一分钱，仍然依赖法院支付我的基本开销。所以我找到了一份助教工作，被称为“演示员职位”，负责建立植物学实验室并维护学校的植物收藏品。现在我们都使用植物照片，但在那个时候，植物学绘图仍然是课程的一部分。我还找到了一份教学工作，教其他植物学学生绘图——所以，对我来说，学习和教学一起进行。当课程开始时，我感觉好像是发现并打开了知识的水龙头，让它汩汩地往我脑子里灌，那种浸透在知识海洋中的感觉让我充满了喜悦。

我所遇到的美妙的经历实在是太多了。我的第二个植物学实验是研究角叉菜属（*Chondrus crispus*），一种俗名被称作“爱尔兰苔藓”的海藻。在实验室桌子上看到它就像在一个意想不到的新地方遇到了一位亲爱的老朋友。我的姑婆娜莉教过我关于利辛斯的海藻的知识。它生长在潮间带，从远看就像一朵庞大的两重花或三花牡丹，颜色呈桃花心色或血红色，而且出奇地明亮。它从一个固定的地方往上延伸，那是一根牢牢地吸附在岩石上的茎。娜莉姑婆告诉我，一百多年前的大饥荒（Great Famine[①]）时期，人们因为营养不良而容易患上结核病。她说，角叉菜可以用来治疗这种疾病。将这种植物从岩石上翻转并摘下来，带回家然后将整个东西煮沸，使其释放出凝胶状的物质，具有强大治愈功效的粘液，对治疗结核病很有效，对肠道也有好处。

把它解剖后，我发现这种植物的结构中确实存在糖类黏液形式。在实验结束后，我匆忙赶往医学图书馆，开始在书架上寻找资料。在我的椅子边堆积着很多书籍和《植物学》期刊的选集，我发现从角叉菜中提取的凝胶具有强大的抗生素属性，以及清除体内放射性锶的能力。

娜莉所教授的知识得到验证这种经历给我带来了难以置信的感觉。我爱利辛斯的老师们，但我还没有完全排除我在那里学到的东西只是一些老旧迷信的想法。我需要亲自证实它们。或许总有这样一种可能性，他们跟我强调过的植物中根本不存在什么重要的东西，那些古老的知识有可能只是美丽缥缈的云彩。在大学医学图书馆的书本中阅读到角叉菜实际上包含了娜莉所说的药

① Great Famine，指爱尔兰大饥荒，又称爱尔兰马铃薯饥荒，发生于1845—1852年。

性，并亲手从植物中取出她告诉过我的凝胶，这是第一个不容我置疑的证据，证明我在监护期所被教授的课程是基于某种真实的东西。我感到如释重负，成就感油然而生，这是面对自然真理时的幸福。同时，我也感受到了其他一些东西。

我在利辛斯获得的知识以口头形式传授，除了布列汉法本身外，没有其他形式存在。但在医学图书馆里，我看到了同样的知识，以完全不同的方式呈现出来——被写在了书本里面。在那一刻，我看到自己可以成为这两个世界——古老知识与科学之间的桥梁。这个意识极大地激励了我。它使我想要立即验证我在利辛斯学到的一切是否真实有效，对它们进行审视和判决。

尽管我感到充满动力，但并非所有事情都能像爱尔兰苔藓的药性那样可以得到迅速确认。我的凯尔特教育不是立竿见影的知识，而是从数千年的持续观察和不断实验中获取的真理。有时，从我开始调查和获得确认之间会经历相当长的时间；我会验证我所学到的一点点碎片，但只有多年后才能将这些碎片汇聚成完整的画面。我在学术研究的第一年并没有完全理解这一点，但它并没有减弱我的热情。毕竟，在利辛斯，我已经被教导要看到即使是最小的知识片段也具有与整体相同的价值。我很快全身心地投入到试验过程中去。

我总是从植物本身开始。首先，我用艺术家的眼光仔细观察它，寻找并记录那些关键和独有的特征，这些特征可以将植物的真实状态表现在植物绘图中。接下来，我会解剖植物，将其分解成最小的组成部分，并在显微镜下对每一部分进行检查。基本上，我会通过自己身体的五种感官吸收尽可能多的信息，然后建立一种理解基准：植物的构造体系是什么，如果你施加影响于它，它会产生什么反应。在拥有了这些第一手的知识后，我会前往图书馆的书架，去发现对于我用自己的双手、自己的双眼和大脑所获取的一切，其他人有什么知识可以贡献。

古老的知识通常在这个试验过程中起到了指路明灯的作用。我那些山谷里的老师们可能会指出一种特定的植物对于循环不良有好处，我理解这是指心脏问题。所以，我就要特别留意植物中是否存在任何已知的有益于心脏的化学物质。“看哪，黛安娜，”他们可能会这样说，同时两个手指弯着托起一朵黄色的、五瓣的小小花朵，“你看这里，这种圣约翰草[1]对于神经紧张和精神问题有很强的疗效。”后来我发现，圣约翰草含有贯叶金丝桃素这种植物化合物，可以提高大脑中多巴胺和血清素的有效性，它的功效与许多抗抑郁处方药相当，甚至在某些情况下更加有效。

我的双学位课程为我提供了测试从利辛斯学到的知识的理想学科组合。古老知识和大学学习相结合的效果使我能够在比较早的时候看到医学世界和植物世界之间的联系。很快，在图书馆里我常坐的座位上出现了一个金色的小牌子：

“为黛安娜·贝雷斯福德女士预留。”

这个座位靠窗，可以俯瞰大学的广场，每个人都尊重它，留出它供我使用。我会从埋头研究中抬起头，看到下面走来走去的一群一群的学生，大声说着话。看到这种景象总是让我心中充满爱，一种难以言表的对他人的爱，一种祝愿他们幸福的想法从我心底流出，并流露在我的脸颊上。对人类的这种无差别的爱至今仍是我生活和工作中最重要的动力之一。

① 圣约翰草（St. John’s wort），贯叶连翘，又名贯叶金丝桃、圣约翰草，金丝桃科金丝桃属植物，是欧美的常用草药，主要用于妇女调经，亦有宁神、平衡情绪的作用，临床上发现对抑郁症患者有疗效。

尽管利辛斯的人可能没有用这种方式表达，但他们知道在古典植物学和人类生物化学之间存在联系，即自然界与我们的健康之间的联系。在我意识到角叉菜属的药用特性中存在这种联系之后，我开始在我在图书馆的专属座位上研究其他植物的生物化学成分。我还对药用植物学产生了兴趣，即从植物和其他自然资源中提取药物的研究，当然还有更为熟悉的药学，即制备和分发药物的科学。

观察和解剖一种植物，并研究其生物化学，我可能会发现生物碱、脂肪、糖类、脂质等。随着我对人类生物化学的理解逐渐加深，我开始领会到每个隐藏在植物中的秘密对身体可能产生的影响。你的身体需要二十二种氨基酸，它们被构建成蛋白质，你必须摄入它们；如果没有它们，身体就会出现问题。还有三种必需的脂质，也称为必需脂肪酸，进入你的神经系统；如果没有它们，你也会出现问题。然后还有各种糖类，以不同的聚合形式存在，以及微量元素（如钠、硒和钾），它们对身体发挥正常功能至关重要。植物王国为你的身体提供了所有这些物质，在首次接触人与植物之间的关系差不多五十五年之后，这种关系仍然让我着迷。

我在大学期间形成的研究模式也是我整个科学职业生涯中所使用的方式。它所基于并应用的知识来源——古代凯尔特教义、古典植物学和医学生物化学——从根本上塑造了我的思维。

当我研究一种植物时，我的思维往往同时朝着两个方向发展。从对植物的理解出发，我继而研究人体；从对人体的理解出发，继而研究植物。在找到这两者的交汇融合点方面，我从未失败过。每一种植物都与人类及其健康息息相关。利辛斯那里的人知道这一点，当然他们还知道许多其他事情。从最初的调查研究到今天，我几乎已经在科学上证明了他们在我监护期间教给我的一切。唯一让我无法理解的是心灵感应，即他们教给我的存在于人的心灵之间的看不见的联系。这个我仍在继续努力研究。

我本科的学位都是三年制的课程。我们从 9 月学到次年 6 月中旬，然后放六个星期假。在放假期间，我会去利辛斯，但我们在 8 月一回学校就要开始考试，所以我必须随身带着书。农舍里没有电，帕特和娜莉知道我需要灯光来读书。他们特意为此买了一盏煤油灯，我在它的光照下学习物理学。

在我监护期结束后和离开爱尔兰之前的那几个夏天，我继续拜访我的凯尔特老师们。由于他们对我的关心和关注，我早已深深爱上了他们，我会去他们家喝茶，帮忙做点事情，或者只是聊天。在教导我的时候，他们已经是年老的长者了，在那段时间里，他们开始相继离世。每一次失去一个老师，都让我痛苦不堪。回顾过去，现在我很是惊叹，我的监护期竟然就这样真实地发生了。就在我特别需要照顾时，他们提供了这种照顾，而也正是在那个时候，我到了可以足够理解他们所教给我的东西的年龄。也正是在那个时候，当时整个山谷——整个爱尔兰以及整个世界——已经开始对古老知识不屑一顾，周围没有什么人在意学习那种知识。就是在那么一个时候，我的监护期开始了，它恰巧发生在那最后几年，仍然有人活着可以教导我。

你可能不相信命运，但你肯定能理解为什么我觉得保护和分享利辛斯的古代知识是我的责任。

就在我本科的最后一年开始后没几天，我的植物学教授奥利弗·罗伯茨突发心脏病。幸运的是，他活了下来，但医生告诉他要躺下休息，直到恢复体力。他从病床上派人召唤我，当我到达时，他说："黛安娜，我希望你帮助完成我的荣誉课程[①]讲座。"他只讲了前两节课。

接受这个任务意味着我将在自己还是植物学三年级学生的情况下教授大学的三年级植物学课程。我立即答应了。罗伯茨只是希望我讲述他写的讲稿，但我觉得为了教授植物学，我必须全面了解植物世界的整体。罗伯茨教授激励我要用更广阔的视角来看待我已有的关于植物的知识，在这个方面他给了我一份难以置信的礼物。我开始将世界看作一个整体，视其为一个完整的全球花园，并且第一次看到了所有生物之间的关联并且试图去解读气候变化可能带来的灾难性后果。

我将自己作为讲师的新角色看作是我与帕特舅舅在一起时探寻知识旅程的扩展版。我追踪了植物生命的演化过程，从小球藻（一种进行光合作用的水生单细胞生物）到藻类，再到多细胞藻类、真菌、苔藓、蕨类植物、常绿植物，最后到被子植物[②]——花卉和树木，它们在生物学上与我们人一样复杂。我对这些主要步骤和基本类别之间的联系产生了浓厚的兴趣。生命不可能仅仅从蕨类就一下子跃迁到常绿植物；在它们之间一定有一些丢失的东西。我决定让学生们——我自己也是其中之一——去回溯时光，推测连接蕨类和常绿植物之间的物种，所以我在讲座中增加了这些内容。专注于那些物种——比如树蕨、软树

① 荣誉课程(honours lectures)，用以培养尖子学生的课程，类似于中国大学的"实验班"课程。
② 被子植物（angiosperms），通常也叫有花植物或开花植物，是植物界最多样化的种类。

蕨[1]，奇异的百岁兰科[2]的中间物种以及南太平洋小岛上发现的苏铁科[3]的棕榈树——所有这些让我第一次开始思考气候变化的问题。

在蕨类转变为常绿植物的过程中，地球大气层中的二氧化碳浓度过高，无法维持人类的生存。幸运的是，那时候还没有人类存在。如果存在的话，我们会窒息而亡。在接下来的三亿年里，蕨类、苏铁类、已经消失的常绿植物、裸子植物[4]，最后是花卉树木使我们的大气层充满氧气。绿色分子机器不断演化，将碳转化为茎、树干、叶子、花朵和可呼吸的空气，每一次演化都比之前更强大。树木不仅仅维持着地球上人类和大多数动物生活所需的条件；树木通过森林社区（community of forests）创造了这些条件。树木为人类这个大家庭铺平了道路。我们欠它们的债永远无法偿还。

这个过程让我感到非常重要，所以在重新准备罗伯茨的讲座时，我将它加入其中。也是从那时起，我开始第一次理解人类行为对环境的潜在影响，无论是对地球，还是对我们自己的健康。

事实就在那里，如此简单，就连孩子也能理解。树木负责生命的最基本需求——我们呼吸的空气。森林正在全球范围内以惊

① 软树蕨（Dicksonia antarctica），原生于澳大利亚东部的昆士兰南部、新南威尔士、维多利亚及塔斯马尼亚的蕨类植物。

② 百岁兰科（Welwitschia family），是一种独特而古老的植物物种，在非洲纳米比亚和安哥拉沙漠常见，具有独特且近乎史前的外观。它被认为是一种活化石，已经在数百万年的时间里适应了干旱的沙漠环境。

③ 苏铁科（Cycadaceae family），苏铁是一种古老的种子植物，以其独特的类似棕榈的外貌而闻名。通常生长在热带和亚热带地区，拥有悠久的进化历史。由于其古老的谱系，被视为活化石。

④ 裸子植物（gymnosperms），裸子植物的特点是其裸露的种子，它们不开花，产生的种子通常称为球果或花球。主要的裸子植物类群包括松柏类、苏铁类、银杏类、买麻藤类。裸子植物被认为比开花的被子植物更为原始，在地球上的植物生命演化中发挥了关键作用，继续成为许多生态系统的重要组成部分。

人的速度被砍伐——这里所说的“惊人”不只是形容词，而且就是事实。摧毁树木实际上就是在摧毁我们的生命支撑系统。砍伐树木就是自杀行为。

罗伯茨教授在那一年结束时已经基本康复到可以批改我们的期末考试,考试内容涵盖了我们整个课程期间学到的所有内容。当我坐下来回顾我在本科期间学到的知识时，我思考着我在科克大学学院度过的时光如何在其他方面改变了我。

我在大一时的物理学教授是约翰·麦克亨利，他曾是威廉·伦琴的学生,伦琴是发现X射线并获得首个诺贝尔物理学奖的人。我们的课结束后，我会留下来向麦克亨利提问，我们成了朋友。班上大约有一百五十名学生，许多人在我和麦克亨利交谈结束后会走过来问我是否理解课堂上所学的内容。当我告诉他们我理解时，他们要求我解释一下。我相信在知识领域存在一种充满荣誉感、近似骑士风范的体系。你学到的东西,应该分享给他人。很快，我在大多数讲座后开了一种近乎非正式的小课堂，不仅仅局限于物理学。在大学里，人们称我为“大脑”。

然而，这跟我在高中衣帽间里当导师并不是一回事。在终于看到了自己的价值以及我可以为世界做出的贡献后，我充满热情地、勇敢地破茧而出。我积极参与体育活动，主要是网球、滑水和爱尔兰式板球，我和橄榄球队一起训练举重，结交了一些非常要好的朋友。我还参加了大学的戏剧表演。我的姓氏现在不再让人望而生畏，反而受到邀请参加舞会。我穿着我根据《时尚》杂志图案亲手缝制的连衣裙出席，看起来像是很富有似的。

当然，事实上我并没有那么多钱，但最终我从法庭那里得到了一笔钱——三百英镑，我用它买了一辆二手“迷你”车。有了这辆车，我获得了更高程度的自由。记得有一天晚上，我开车和橄榄球队的一帮人一起去金赛尔[①]。我被警察拦下，然后所有橄榄球队的家伙都从车里下来。警察看着他们对我说："如果你能把那帮家伙都塞回到那辆车里，我就不给你罚款。"他们又爬回车里，我们再次启程，没有收到罚单。

在爱尔兰，考试结束后，最终成绩会在一个公开的仪式上宣布。名单按照字母顺序读取，而我在大学最后一年的这个仪式上稍微迟到了一些，当我骑自行车到达时，字母A打头的名字已经快宣布完了。我一边听着字母B打头的名字，然后继续听着C字母的名字。没有叫到我的名字。我心里暗暗叫道，天哪，我这个该死的东西考砸了。

等到D字母的名字开始的时候，我再次骑上自行车，飞快地离开，往圣帕特里克街上的一排商店冲去。因为心里难受，我毫无顾忌地踩着脚蹬拼命骑车。当气喘吁吁骑不动时，我停下来进入罗奇百货公司的食品部，买了一杯酸奶，那是当时刚在爱尔兰上市的新产品。我靠在柜台上，准备从我最喜欢的零食中找到一些小小的安慰。一个叫安妮·奥利瑞的同学从柜台的另一端绕过来，对我喊道："祝贺你，黛安娜！"她这种残忍的讥讽很让我震惊，我告诉她别惹我。"我考试挂了，"我说，"我的名字甚至都没被提到。"

她像看怪物一样看着我："那是因为你得了第一名。"

我离开了商店，把酸奶放在自行车前面的篮筐里，然后骑回去。安妮是对的，我以最高分完成了大学的学业。他们在宣布其他名字之前已经宣布了我的名字，而我错过了。我目瞪口呆：安

① 金赛尔（Kinsale），是爱尔兰科克郡一个历史悠久的港口和渔镇。

妮是对的。即使现在我有了朋友，甚至有了一定的受欢迎度，似乎也不能免除我以前的不安全感。

我取得的最高分为我开启了几种可能性，但真正有竞争力的只有两个选择：继续攻读医学学位，这是我从生物化学学位迈出的下一个合理步骤，或者攻读硕士学位。在做出选择之前，我还有一件事想在离开科克大学本科生阶段之前完成。植物学系有一个标本馆，收藏着我们所学的所有物种的标本，保存在福尔马林中。这个馆允许学生亲自观察物种，并与之进行一定程度的互动，因此标本已经相当破旧了。我决定重新整理这些标本。

我请了一些系里最优秀的学生来帮助我。我们约有十到十五个人一同去海边的一个叫格兰朵（Glendor）的地方，在那里的一个旅馆里住了几天，寻找标本。我知道那个地区有很多珍稀植物。我们分成几个小组，各自寻找不同的东西，收集到了我需要重新整理植物标本所需的一切。

在那次活动中，我注意到珍稀物种往往出现在一条河流流入大海的地方，以及淡水和盐水混合的地方。那些地方，你可以找到像红菜藻（*Rhodophyta*）这样美丽醒目的红藻，也可以看到鱼类和鲸类在那里聚集；那些地方充满了生命，生机勃勃。我提出了一个假设：肯定有一种重要的矿物质通过淡水流向大海，为这些珍稀物种的繁荣创造了条件。五十年后，当我在 2015 年 11 月拍摄我的纪录片《森林的呼唤：树木的被遗忘的智慧》（*Call of the Forest: The Forgotten Wisdom of Trees*）时，日本海洋化学家松永胜彦[①]证实了我的猜想。

---

① 松永胜彦（Katsuhiko Matsunaga），日本海洋化学家，致力于研究海洋和淡水环境的生物地球化学循环，他的一些研究揭示了森林与海洋之间的联系。

松永和我坐在日本名古屋附近的伊势湾海滩上，当我告诉他早年时我那个想法，也就是说产生这种效应是因为一些最基本的矿物质在淡水中被整合形成的结果时，他露出惊讶的表情，他告诉我，我的理论是正确的。经过数十年的实验，松永和他在北海道大学的团队证明了确实存在这样的效应。

当树叶在森林地面上腐烂时，它们释放出富里酸，一种能够与土壤中的铁结合的腐殖酸。这种含氧铁从森林流入河流，进而流入缺铁的海洋环境，促进了浮游植物的生长，形成了海洋的自助餐。在松永发现这个现象之前，其实已经可以从一句古老的日本谚语中发现一条关键的线索：“要想捕鱼，先要种树。”这句话如同我在利辛斯得到的教导一样。

当你确认了自己持续了半个世纪的猜测时，自然会感到欣喜。但是，松永的研究动机不仅仅是想验证一句格言。他和他的团队希望解释日本海岸沿线广泛存在的海洋生态系统崩溃背后的谜团。他们证明，在这个岛国发生的乱砍滥伐导致了这一灾难。大量砍伐树木导致森林中落叶分解产生的腐殖酸减少，随之而来的是流入海洋的地下水中的腐殖酸的减少。这反过来又减少了日本沿岸水域中的铁含量。铁的缺乏阻止了微小海洋生物的分裂和繁殖，这对依赖这些生物的海洋生物来说意味着饥荒的发生。

因此，砍伐树木并不仅仅是自杀行为。它也是一种杀人行为。

第十章

漆树花

当我们还是孩子的时候，我们想要问的问题是无穷无尽的。为什么天空是蓝色的？生命是什么？我们死的时候会发生什么？婴儿从哪里来？为什么我不能像你一样晚点睡觉？有些问题很容易得到答案，而有些问题却已经困扰了人类几千年。然而，对年幼的我们来说，小问题和大问题之间没有区别。好奇心驱使着我们来到理解的边缘，然后对于不能理解的东西，我们抓住身边的人就问。我成年后一直努力保持童年时的状态：能够看到最大的问题隐藏在最小的问题中，并愿意尝试回答它们。

回首往事，我现在明白我在受教育方面有多么幸运，尤其是中学时期的教育，另外我有机会接触到帕特舅舅有着无数藏书的书房，还有我的本科期间的学习。自从离开爱尔兰以来，我遇到的学术世界似乎都是为了有意阻止大问题的提出，而将知识引导到狭窄、分隔的渠道中。当然，我那时也面临怀疑和学习上的障碍，但我得到了很多人的支持——从帕特舅舅开始——他们都很乐意，甚至自豪地帮助我追寻答案，无论我问出什么样的问题。我希望每个人都能如此幸运。

在我完成双学位后，有一些问题吸引着我去学习医学，但最终我选择了攻读生物化学和植物学的硕士学位。这是一条能够让我对自然界获得最广泛的视野和理解的道路。

我的研究课题是植物调节激素和所有物种的抗冻性。我从一个我觉得没人恰当地提问过、更不用说回答过的问题开始：生命的边界是什么？我想要了解植物世界的极限，其中之一是了解植物中激素的调节作用。科克大学学院校园里有一棵漆树，我一有机会就会去看它。它聚集成簇的血红色花朵每年秋天都会绽放，持续到整个冬季。我想要得到一个大问题——甚至对一个孩子来说都是大问题——的答案：为什么漆树会开花？更具体地说，是树木中的什么因素导致了那一束美丽的红花的绽放？

当时，在晚饭后，我和帕特舅舅正在热烈地讨论另一个重要问题：全球气温的上升。这让我忧心忡忡。总的来说，我的医学生物化学和古典植物学为我构建了一座知识拱门。在这座拱门下，我还增加了物理学和化学。这座拱门成为我看待整个地球的视角。我对自然界中所看到的模式化语言非常着迷。在我看来，DNA的调节模式在植物和动物界中是相似的。这个想法让我震惊——人类的生物化学与树木和植物的生物化学相连，这可以从调节植物和动物界的激素中看出。

一次，缘于一个完全偶然的机会，在给一个医学学生辅导时，我看到了光合作用反应的化学表达式，在化学中被称为实验式。我出神地盯着它，被我心中那个小小的、将对我如何理解气候变化产生巨大影响的想法惊呆了。光合作用反应的是普通呼吸过程的反向过程。这意味着植物和人类通过氧气和二氧化碳相连，通过化学反应进行联系。这两种分子都承载着生命和死亡。这也是一个方程式。如果植物——比如说森林——从地球上消失，会发生什么？答案是显而易见的。因为炎热、温室效应或氧气不足，生命将被扑灭；死亡将来临。我于是匆忙地开始了我的硕士研究。

我被授予拥有对大学温室的自由管理权，这是一些条型结构的温室，盖着双坡屋顶，建立在平坦的校园洼地里。我的研究课题的理论范围非常广泛，涵盖了地球上的每个植物物种。然而，由于温室和我的设备这些物理条件的限制，我的实验也要有明确的界限。为了进行实验，我选择了我知道适合在培养柜中生长的物种。

实际上，我在进行一项关于气候变化的研究。通过测量不同环境条件下各种物种的大小、生长和比例，我尽可能广泛地研究植物对环境变化的反应——干旱和寒冷对维持生命所需的生物的影响。

这项工作带来了许多发现。每种植物都有一个枯萎点。例如，我知道豌豆植物，可以在摄氏零下九度下存活，但它将无法在摄氏零下十度下存活。枯萎点的概念是已知的，但我发现了许多物种的确切枯萎点，这在许多植物，尤其在食物作物中是未知的。在抗旱和抗寒能力更强的物种中，我确定了赤霉素的关键作用，赤霉素是一种与我们人类的雄性激素大致相当的植物生长激素。拥有赤霉素的植物是强壮的植物，我发现这种强壮性可以通过杂交传递给较脆弱的物种，也就是说，可以通过杂交育种诱导出生命力。我发现，在树木中，对极端气候的抵抗是通过叶子或针叶上的蓝绿色色调来指示的。这种色调是由光线在覆盖叶子的角质层上反射形成的，就像一层皮肤，覆盖在叶子上，喜冷植物的角质层更加厚实。这层角质层还有助于树木保持水分。我还注意到，古老的谷物物种倾向于在主茎基部有丰富的侧枝，称为分蘖。这种分蘖能让谷物在强风中成功生长，这是源自根和茎的适应性，随着全球气候变化导致极端天气和事件的频率和强度不断增加，这种适应性将变得越来越重要。生物的颜色也是源自对热和寒的重要适应。例如，如果你有一种白色的胡萝卜，它所能承受的热和寒冷要比红色的弱。

自从在 1965 年我二十一岁时完成硕士研究以来，这些不同的特征对我来说变得更加重要，对地球未来的健康也是如此。几年前，我飞往北美西部的沿海森林，选择了一些树木，将其保存在基因库中。有很多因素可以用来确定最佳的候选物种，但其中一个主要特征是蓝绿色的色调——在那个案例中是红杉。这些真正古老的红杉林，拉丁学名为 *Sequoia sempervirens*，是标志性的巨型大树，还具有耐火性。我真诚地希望人类能意识到采取具体措施来应对气候变化的必要性，以避免全球气温上升到更高的水平，以及因我们所造成的变化条件使得生存难以为继，除了那些最顽强的物种以外。不过，无论我们最终何时采取集体行动，我在我的硕士研究中确定的那些物种特征都可以作为一个指南，以此了解哪些是最适合在不断变化的世界中生存的物种。我自己就是一直在遵循这个指南，在我现在生活的农场上选择和保护古老的稀有植物和树木（稍后再说农场的事情）。这是真正重要的工作。

当时，我无法看到这一点。或者更准确地说，我无法看到这项工作会引起其他人的兴趣，除了我自己。在温室里，我有几个技术人员帮助我计数和测量，但大部分时间我都是独自一人工作。

虽然我当时看起来喜爱社交，甚至可以说是外向型性格，但我其实很害怕让自己太接近于一个思想自由、能干和有价值的形象。当时，我并没有意识到这种恐惧，因为它的根源是一直以来我尽力不去想的事情：被送到逊代威尔的威胁。那个地方的恐怖让人难以正视，我只在噩梦中才能想到去如何面对，在那里我完全无助，被剥夺了一切自由和选择。

也许是在我父母去世一年后，我骑着自行车去了那个地方。我蹲在围墙外面，窥视着神父们从大楼的前门出入。作为一个没有任何人保护的小女孩，你对身体语言变得极为敏感；在威胁面前，你的感官系统就像一个音叉，从头到脚都在颤动。神父们穿着几乎触及鹅卵石的长袍。当他们走向逊代威尔的台阶时，每个人都会用同样傲慢的手腕掀起长袍，露出双脚。在他们做那个动作时，我闻到了危险。对我来说，那些人散发着危险的气息。

尽管我尽力把注意力集中在其他事情上，从早到晚都让自己忙碌起来，但我对被囚禁——没有其他更合适的词来形容它了——的威胁的恐惧总是存在于我的脑海中。回避它足以让人身心俱疲，承受它也让人疲惫不堪，整天在脑海里萦绕更是不可想象。当法院最终在我完成硕士学位的那一年让我拥有了自己生活的权利，并消除了逊代威尔的威胁时，我感到了一种巨大的解脱，但心中涌动的这股洪流也开始将长期以来压抑在我胸膛深处的恐惧和痛苦带到了表面，在我的生活中，创伤留下了一道长长的阴影，从来不会消失，需要持续不断的勇气来抵御。

不愿意，或者说可能只是还没有准备好面对所有的痛苦，我没有停下来思考或试图理解发生在我身上的一切：母亲的冷漠、父亲的缺席、他们的突然离世、我的悲痛和孤独、帕特舅舅最初的疏忽以及应对法院给我造成的焦虑。当我成年时，我还收到了一张价值三百英镑的支票，同时得知这是我全部剩余的遗产。我的律师去做了投资，但却很不明智，损失了我大部分的钱；虽然我也曾对他的行为提出了抗议，但作为未成年人，我没有什么权力说服法院让他更谨慎一点。我只是低头向前，朝着我最喜爱和最信任的方向前进：对自然界更深入的了解。我的工作给我的生活带来了价值，除此以外，不见得非要有超常的意义。直到很久以后，我才意识到它确实有一些意义存在。

————————————————————

爱尔兰盖尔语中的 *saoirse* 一词意味着自由，而且是一种特殊的自由。*Saoirse* 是自由做自己、表达自己的自由，是思考和相信任何你喜欢的东西的自由；它是精神和想象力的自由。*Saoirse* 和 *aimsir*（时间）是我认为一个人可以拥有的两个最宝贵的东西。

逊代威尔投下的阴影贯穿了我的生活，并以我所知道的方式影响着我，毫无疑问，也以我不知道的方式影响着我。但我知道，那道在我青春期时期笼罩在我身上的长长的阴影让我对我的 *saoirse*——我的思考自由——有了很强的保护意识。我不信任体制，我只加入了一个组织成为付费会员——爱尔兰园艺植物学会。我害怕变得富有，因为我深知贪婪如何扭曲人们的本性。我一生都在受到它给我带来的影响。出于同样的原因，我对任何为我提供大笔金钱的人都持谨慎态度。金钱和制度都被用来剥夺人们的自由，如果它们控制了你的思想，它们就控制了你的一切。

在我就读于科克大学学院期间，一位名叫科尼利厄斯·卢西的人担任着科克和罗斯教区的主教职务。(我的一个祖先，约翰·贝雷斯福德勋爵在 1805 年至 1807 年间担任爱尔兰教会的同样职务。卢西的任期更长一些，直到 1980 年——其去世前的两年辞职。）那个时候爱尔兰天主教会的权力很大，再怎么强调都不过分，而像卢西这样的领导人——他把自己的一生奉献给了一种声称崇尚谦卑、慈善和自我牺牲胜过其他一切品质的宗教——是一个极其有权威且非常富有的人。他住在一座宫殿里，一座真正的宫殿，他的言行在政府、大学和每个人心中都颇有分量。简而言之，他是一个人们要么敬仰要么害怕的人。

有一个周五，我的技术员迈克尔和我正在温室里工作，这时传来消息说卢西主教将在第二天参观校园。我本计划在整个周末独自工作，以完成本周的测量工作。我告诉迈克尔："他不能进我的温室。我要做实验。"

我几乎是不假思索地说出了这番话，脑子里没有经过任何稍微复杂的考量，但我仍然期待着我的反对意见会经迈克尔传达给行政部门,再由行政部门向负责确保主教访问顺利进行的人传达。在温室里，实验正在进行，将任何与实验无关的人带进来似乎是没有意义的。对于所有人来说，这个逻辑肯定是清楚的。

星期六下午，我正俯身在一排豌豆植物前时，听到了从植物系主楼的混凝土阶梯上传来的脚步声。朝门口看去，我看到了一只色彩鲜艳的袜子和一件紫色长袍的下摆，然后是整件长袍和科克及罗斯教区主教的脸。他肯定有一队随从，但我没有注意到其他人。我跳起身向他奔去，从离他大约二十英尺的地方大喊："你必须离开这里！"并指着楼梯让他回去。

但他继续朝我走来，一边走近一边伸出一只手。他的手指上戴着一枚巨大的宝石戒指，我意识到他正在向我伸出手，显然是对我的喊话没有听见，要不就是根本无视。他希望我停下我的实验跪下来亲他的手。“我不会亲你的戒指。”我说，“你必须离开这里。门在那儿。你怎么进来的就怎么出去。”

他开始感到困惑，但在他训斥我之前，我打断了他，重复了我自己的话，并补充说我正在实验进行中。我那个时候真是怒火中烧。他怎么能如此漫不经心地干扰一整套实验？你不会走进交响乐团并打断钢琴家或指挥家的演奏吧？

主教终于完全意识到了我的愤怒，转身离开了温室，一言不发。我在他走后砰地关上了门，跑回到我的豌豆植物前，仍然余火未熄。到星期一早上，整个大学都传开了我把卢西主教赶走的消息，直到那时我才意识到我的行动可能带来的潜在后果。我的同事们都预测我会陷入严重的麻烦，甚至可能失去在植物学系的位置。我期待着至少是严厉的斥责，但行政部门并没有来找过我。

一个比逊代威尔的神父们在翻动他们的长袍时展示出更傲慢气息的人试图侵犯我唯一觉得真正自由的地方。尽管他是一个有权有势的人，但我为自己、我的工作和我的思考自由辩护。我站出来坚决面对他，把他撵了出去，没有人阻止我，甚至事后也没有人告诉我，说我错了。通过这件事，我深深感到要牢记一个教训：无论如何，要保护好你的思考自由。

————————————————————————

在每个人的职业生涯中，都会出现一个需要做出关键决定的时刻。当我本科毕业时，爱尔兰在学术研究方面并没有太多的发展。唯一一个有研究机会的地方，摩尔公园[1]不接受女性。所以大部分毕业生走向国外。许多人去了阿拉伯国家、英格兰和北美。在 1965 年的夏天，我也不得不做出我的决定，并且在做出这个决定时，心情非常痛苦。在这种情况下，这意味着我必须离开两所学校：利辛斯和科克大学学院，它们都与我的小漆树息息相关。科克大学学院医学图书馆向我展示了这棵树的秘密。漆树是北美的一种药用树木，也是阿拉伯国家厨房里的一种香料。要告别是很艰难的。但是帕特舅舅总是这么对我说："黛安娜，世界是循环往复的，人生总有起起落落，而你也总会有高光时刻。"

鉴于我优秀的本科成绩和科克大学学院的理学硕士学位，我获得了全球各地的机会。我被邀请去做博士研究，担任教学职位。佛罗里达大学请我去做教授，几所南非的学校也找到了我，但我无法忍受这两个地方的种族政治。最终，我接受了美国联邦政府提供的奖学金，到康涅狄格大学斯托尔斯校区做研究。

这项资助提供了一年的个人独立研究时间，我的身份是访问学者。我研究了核医学——当时斯托尔斯是我所知道的唯一可以进行这项研究的地方——并且尽可能地把课题保持宽泛，研究核辐射对生物系统的影响。我研究了植物和动物在最大和最小辐射暴露下的情况，我想要了解辐射会对整个世界产生什么样的影响。在这个过程中，我发现了基因溶解，我将 DNA 链的一部分分离出来，轻轻压碎它，以便在强大倍率功能的放大镜下观察和研究其序列。

① 摩尔公园（Moore Park），指摩尔园动物与草场研究和创新中心，由爱尔兰政府成立于 1959 年。

我还学习了一些高级有机化学。这些主要是实验室工作，它们让我学会了一些有价值的技术，用以检查和分离化合物。

研究项目结束后，我短暂地回到了爱尔兰，然后决定在渥太华的卡尔顿大学进行博士研究。卡尔顿大学有一位对植物激素感兴趣的教授。我的硕士研究与他的研究领域有着很好的契合度，当然，我的好奇心也吸引我去那里。玛丽·克罗宁的预言和完成我承担的神圣任务的责任也增加了加拿大对我的吸引力。尽管在斯托尔斯我感受到了很多喜悦，也学到了不少知识，但美国还是让我有点害怕。我无法摆脱一种感觉——尽管轻微但确实普遍存在——周围的一切似乎都被军事化了。当我遇到警察时，尤其是在我和一些同事去曼哈顿的旅行中，我感觉自己好像猛然间碰到了一支入侵军队的士兵。我认为加拿大会更像爱尔兰，只是跟爱尔兰相比，它的森林几乎没有受到破坏。我期望一种熟悉感，期望看到自然奇观。我只得到了其中之一，但事后看来，这更重要。

北美的原住民被欠了一笔巨债。他们的大陆是一个神奇的大陆，*an talamh an óige*①，一片年轻的土地。广袤无边、荒野无疆，这样的疆域规模，以欧洲人的眼光来看，几乎是无法理解的，生活在这里的原住民基本上保持了这片土地原本的样子。就我个人而言，我对于他们对这片土地的保护，有一种感激不尽的心情，因为正是他们保护了如此多样化的美丽，让我有机会能够亲眼目睹。自从我 1969 年在卡尔顿大学开始工作前的那个夏天，第一次踏入安大略省的森林时，我就在心里把加拿大看作是一个充满原生态的地方，一个地域美丽，水域辽阔的地方。我很快就意识到，这里的植物系统是非凡的，与我以前去过的任何地方都不同。

① an talamh an óige，爱尔兰语，an talamh，指土地，an óige，意为年轻的。

我立刻萌发出一种强烈的愿望，想要把它展示给世人看。我想告诉世界，这是一个奇妙无比的地方。

直到今天，无论是这种冲动还是引发这种冲动的信念，在任何时刻都没有离开过我。

如果说还有什么，那就是我对森林内部运作机制了解得越深入，就越觉得其美丽无比。在我的博士研究中，我专注于血清素和色氨酸—色胺活动途径的研究。在融入了我已有的医学生物化学知识的基础上，我将视野从植物学扩展到了激素在植物和人类身上的功能的比较。在人类身上，色氨酸—色胺途径产生了大脑中的所有神经元。其中一些生化物质的作用在人类中已经有所证实，但它们在树木中的存在是不为人知的。在完成我三年半的博士论文工作期间，我证明了这样的途径也存在于植物之中，在某些植物中更为明显，在树木中尤其如此。

植物中含有血清素的蔗糖版本，作为一种有效的分子存在。它是一种水溶性化合物，例如常见于树木中。血清素是一种神经生成物。通过证明色氨酸—色胺途径存在于树木中，我证明了树木拥有我们大脑中的所有化学物质。树木具有倾听和思考的神经能力，它们具备拥有意识或知觉所需的所有组成部分。这就是我证明的：森林能够思考，甚至可能会梦想。就科学而言，这种知识是新奇的。这种联系在当时并没有被认可或知晓。

当我完成论文并获得博士学位时，已经没有足够的钱维持生计，于是我开始找工作。我在首都渥太华的加拿大试验农场找到了一些工作机会，与农业部电子显微镜中心的负责人杰弗里·哈吉斯（Geoffrey Haggis）合作。在那里，我利用加拿大政府的六个月研究经费改进了西门子电子扫描显微镜,并发现了生物发光，这是一种量子物理学中的现象。当高能量射入植物或人体中的芳香分子（aromatic molecule）时，它们会产生生物发光。由于电子流进入某个分子的一侧时以等量能量流出另一侧（这是著名的 $E=mc^2$ 方程的基础），这种光线可以用作任何医学领域的示踪剂。例如，如果光线发射时发生变化，它可以检测到细胞组织中的癌症。在杰弗里和我发表我们的首批研究成果后，我获得了一项奖励。（2008 年，三位科学家因在这个领域的研究而获得了诺贝尔化学奖。）

我们手头还有足够多的材料，可以撰写关于生物发光的另外两篇论文，但我的研究经费在这个时候即将用尽。杰弗里希望全职雇用我，以便完成这些论文，用以发表，但在雇用我之前，需要将此事提交给试验农场的董事会以获得批准。我被召去，坐在三个男人面前，他们都坐在一张长桌后，房间很闷热。我感觉自己仿佛又回到了科克法院，我的命运掌握在只关心他们自己的几个男人手中。

他们审查了我的“案件”，很快做出了决定，而且是最终的决定，不过，披上了建议的伪装。一位董事盯着面前的几页纸，眼睛都没抬起来，对我说道：“你应该去结婚生孩子。”董事会拒绝资助我的研究。只因为我是女性，他们不愿意考虑雇用我。这一点他们表达得非常明确。

我回到实验室，愤怒到几乎想要烧毁整座建筑物。这时，杰弗里走进房间，他刚刚结束与同一董事会的面谈。他径直走向墙上的玻璃箱，里面装着消防水龙带和灭火斧。他猛地打开箱门，拿了里面的斧头，一副泰然自若的样子，然后用斧头向箱子砸去，打碎玻璃。接着，他又挥动了两下斧头，把箱子整个从墙上砸下来。摧毁了箱子后，他开始砸实验室的镶木地板。他拆掉了大约一半的木板，直到把自己弄得疲惫不堪。他汗流浃背，气喘吁吁地说出进入房间后的第一句话：“他们不雇用你，只因为你是女的。”

“我知道。”我回答道。

“这些混蛋！”杰弗里说，“如果他们不为你付钱，他们就要为这个地板付出代价。”

我离开了实验农场，对于离开那份工作，我感到遗憾，但同时也感到开心，因为可以离开那个地方。那是 1973 年，我随即被渥太华大学聘为医学院的研究员。在接下来的九年里，我与乔治·比罗（George Biro）一起工作，他是一位医生，也是生理学系（现称细胞与分子医学系）的教授，研究人类的心脏和血液循环系统。我们一起研发了一种著名的无基质血红蛋白。这是一种经过清除基质（红细胞的外壁）的非分型性血液，当人造血液输注给患者时，基质可能会对器官造成损害。此外，我们还发表了一些有关心脏缺血的重要论文，这些论文被包括《美国心脏杂志》在内的世界顶级医学期刊刊登。缺血是心脏供氧不足的一种情况，可能会影响任何人，并导致心脏停搏。此外，我还参加了为期一年的普通实验外科课程，增加了对人体和血液循环系统的了解。

这项工作对我来说充满了成就感和深刻的意义，我知道我进行的工作会对人们的生活产生积极的影响。很久以后，一位身体严重不适的朋友来访，她带着她的药物。我亲眼看到她在我的家中给自己进行治疗，使用了我曾经研究过的人工血液产品作为传递救命药物的介质。那一刻至今铭刻在我的心中：看到有人直接受益于我的研究，给我留下了深刻的印象。

尽管我生活中的一切都很顺利，但我也面临着巨大的沮丧和挫败感——对于任何在20世纪70年代和80年代从事职业生涯、并希望在职业上有所发展的女性来说，这些沮丧和挫败感都很熟悉，并且令人遗憾的是，对于大多数女性来说，到现在为止依然如此。科学和技术部门或者是工作单位依然被视为重要资源，由一些缺乏安全感、又厌恶女性的男人所把控。我的经历很独特，但同时也符合模式化的结果。我的想法和发现甚至被窃取，并被我的男同事冒充为他的研究成果。我还有许多其他痛苦的经历，最终，我受够了。

幸运的是，那时我结婚了，幸福满满。我第一次见到将成为我丈夫的克里斯蒂安·克勒格尔（Christian Kroeger）是在卡尔顿大学时我组织的一个聚会上，那个聚会的目的是让当时尚不知名的科学家大卫·铃木（David Suzuki）与来自各个大学的要人和社交名流见面。参加的人着装正式、严肃正经，整个场面相当乏味，直到活动中途两个男人闯入房间。他们刚从一次研究罕见蝙蝠物种的洞穴探险中归来，身上仍穿着工作服，脚上穿着靴子，表面还有一层未干的泥土。他们的到来传递给了我一阵兴奋感。我尤其对克里斯蒂安特别感兴趣，后来我了解到他是一位美国国家宇航局（NASA）工程师——阿波罗太空计划的关键设计师之一——的儿子。

克里斯蒂安也曾在美国太空计划项目中工作过，二十几岁时移居加拿大，在联邦公务行政机构工作。他撰写了许多重要项目的政策和立法策划书，包括信息公开法（Access to Information）和连接爱德华王子岛和新不伦瑞克省的邦联桥（Confederation Bridge）的建设。他是一个活跃的洞穴探险者和攀岩者，这一次是给朋友帮忙，陪同他一起去洞穴探险。

克里斯蒂安和我走到了一起，购买了一块土地，结了婚。我们拿起锤子，在农场上建起了房子，在那里我们至今已经生活了四十多年。简而言之，在家里，有很多很多植物和一个非常出色的男人。

所以，当我达到忍无可忍的地步时，我回到家，告诉克里斯蒂安我厌倦透了学术和科学研究圈中普遍存在的欺凌、性骚扰、背后捅刀子和各种琐碎的事情。我们那时已经建造了一座房子，也有了花园和果园，而在我们刚来时，那里还是一片空旷的土地。当他问我接下来打算做什么时，我说："我要做我自己的研究。"

第十一章

我行我路

在我还很小，还跟母亲住在贝尔格雷夫广场时，有一天我悄悄离开家，去了伍尔沃斯百货商店。我得到了三便士，我不记得是怎么得到的，这是我第一次独自进城，有点冒险。穿过各个商品区域，我最终来到了一个种子陈列架前面，挑选了一小包装在蜡封袋子里的黑色辛普森生菜种子。我拿出我的三便士付款，柜台后面的人用奇怪的眼神看着我，显然是因为我太小了，太不应该出现在这里。我把小包装袋塞进最安全的衣服口袋里，然后回到家，把买来的东西藏了起来。

在帕特舅舅房子后面的一个高台上，有一块公共区域，里面有邻里的蔬菜地。第二天，我带着我的那包种子走向那里。这块公共区域由石墙环绕，墙上插着一些碎玻璃，唯一的门被锁上了。所以我把我的开衫扔到墙顶上，盖住玻璃，然后攀爬过去。我本来有点期待着掉进一个丛林中，一个树枝上挂满苹果的伊甸园。然而，我发现这里是一片一片的田垄，被修整好了，准备迎接寒冷日子的到来。但我并没有因此就停止我的行动。我找到了一块空地，用一根树枝在土地上划出一条弯曲的沟垄。我把整包种子倒进那一条沟垄里，然后盖上土。接着，我开始在附近的树桩上建造一个观察点。我围绕着它摆放了一些在一次风暴中断裂掉的灌木，这样我就有了一个隐蔽点，可以从那里监视我的生菜的生长，而不会被人发现。此后一年多的时间，我一次又一次地来到这里，从我的假树丛里对着我的种子说话，央求它们快快成长，问它们我需要做些什么来帮助它们长大。

当然，由于种在了错误的时间，那些种子并没有发芽，那块地似乎从未有过任何改变。但那个举动第一次展现了我希望生命世界给我以回应的渴望，希望看到我的努力通过绿色植物生长的形式得到认可。这种愿望一直伴随着我，就像人的心跳，与身体同在。在加拿大，有了克里斯蒂安作为我的伴侣，我终于可以寻找那片能让我尽情感受生命世界的土地。

在我们找到安大略省的那片后来成为我们家园的土地之前，我们已经寻找了一年。那是 20 世纪 70 年代初，我们两个人手上有六千美元，两个人都拒绝负债。这片六十英亩的土地正好在我们能承受的价格范围内（后来我们还加购了相邻的一百英亩土地以避免开发商的开发）。当我们开车到达那个地方时，眼前是一片宽广的休耕田，地势微微朝南倾斜。我走下车，立刻感到一种平静感，仿佛有一股力量把我拉入欢迎的怀抱。在我们看过的所有其他地方，甚至我们认真考虑过要买的地方，我从未有过这样的感觉。感觉这儿的大地在向我呼唤，要告诉我它会对我好的。我倾听了这种呼唤，我们买下了这块土地。从那时起，每一天，这片土地都紧紧地拥抱着我，给了我们无尽的惊喜，滋养着我，促使我成长，而这个过程连我自己都不甚理解。我也回报着这片土地的滋养，这样的能量交换带来了更多的心灵慰藉。

在我们成为这块土地的主人后，克里斯蒂安和我走遍了它的每个角落，亲身见证上面都生长了些什么。我们进入了雪松林，在那里，我第一次直接接触到了一棵真正巨大的树木。它已经死了，是一个巨大的东方白雪松（*Thuja occidentalis*）树桩，被从地面上扭断。树的其他部分，想必与仍然生长在北美西海岸的巨大红杉树一样大，被砍倒并拖走了。但这个树桩太大、太沉重，甚至无法烧掉。

看到这片土地上曾经生长的加拿大原始森林的最后遗迹，我感到既敬畏又悲伤，这种感觉与帕特·利辛斯在切割泥炭时向我展示那块古老沼泽树木的心材时我所经历的感受相同。天哪，这就是我们到来之前这里的情景啊，我想。他们，那些人，他们想什么呢？居然会去砍伐那些巨大的美丽的树木？我面前的这个树桩不再活着了，不像它曾经有过的大树模样，但它却还是有生命的。这些大树干仍然在吸收水分，它们会改变形状，在它的体内仍然存在一种生命的形式。曾经生长在渥太华城外这片喀斯特地区的森林的庄严之美足以让我震撼。同样让我震撼的是，这些森林砍伐者的那种傲慢和贪婪。

我们开始建造自己的房子。为了节省开支，我们从当地的木材厂购买了可以拼接在一起的白松木刨面板——这也是我们的房子在这个地球上独一无二的原因。在建造过程中，我们住在前院的一间小棚屋里，跟一个冰钓小屋差不多大小，里面的装修也没有比冰钓小屋好到哪里去。在工作日，我早早地去渥太华大学的医学实验室，在那里冲一个澡，打扮打扮，开始一天的工作。工作结束后，我开车回到小棚屋。在冬天，我们有一台小型煤油加热器，可以让我们在夜晚不被冻僵。当外面渐渐变冷的时候，鹿鼠会进来和我们挤在一起。它们会在加热器下找到一个温暖的地方安家，我们则找一些花生米来喂它们。我们没有电，也没有室内排污管道，更不用说电视了，所以我们的娱乐就是看着鹿鼠在煤油加热器的光芒下啃咬花生米。

比这个时候早几年，当我还在实验农场工作时，我经常在午餐休息时间散步，有一次路过一个生长着一棵郁金香树的地方，一棵美丽的 *Liriodendron tulipifera*（郁金香树）。那是实验农场唯一的一棵郁金香树，我很喜欢它。在某个夏天的雷雨中，它被闪电击中，受到了严重损坏，无法挽救。第二天我在散步时看到了发生的事情，并与清理残骸的园丁交谈起来。当我告诉他我很遗憾看到这棵树丧失了生命时，他说你不了解全部情况，“这是渥太华这里最后一棵郁金香树了。”他说。

我惊呆了。我去查阅资料，发现郁金香树对休伦人[①]来说是一种药用树木，被认为具有神奇和神圣的意义。树木中有一种醌结构，赋予其抗微生物和抗寄生虫的特性，休伦人用它的木材制作他们的死亡面具。我还发现，园丁所说的不仅是事实，问题还更大，不仅仅是这一个物种，周围许多树木都濒临灭绝。我一直有一个种植园“愿望清单”，上面列着我希望有一天能够种植的物种。在失去那棵郁金香树之后，我开始添加濒危物种。我还去了安大略南部，从一个出售本地物种的苗圃买来两棵郁金香树，然后种下它们。

① 原文为 Huron。休伦人居住在休伦湖岸，那里原是印第安易洛魁人居住的地方。法国殖民者贬称他们为 Hure，法语意为毛茸茸、乱蓬蓬，后转英译为 Huron。

1974 年 9 月 14 日，我和克里斯蒂安喜结良缘。鉴于我在过去的生活中经历过那么多的事情，我不愿意许下“无论是好是坏都不离不弃”的誓言，所以我让主持仪式的牧师让我们许下“不离不弃，直到爱情持续”的保证。渥太华大学的同事们为我购买了一批果树，可以种满一个果园，作为结婚礼物送给我。有一个研究员代表他们的团队发言。“黛安娜，我们对你感到兴趣的植物一无所知，”他说，“所以你就给我们开一个清单。”他们给我找到的最好的树是一棵来自中国东北的杏树（*Prunus armeniaca*），是一种杂交树，叫作哈考特杏，它至今仍然茁壮成长。

我的硕士研究工作使我意识到耐寒物种的重要性，考虑到加拿大的气候，这尤其重要。我列出的果树单子来自世界各地，但我想要北方的基因，那些具有生存能力的基因。（另外，我发现这些北方树木提供了更高比例的天然药物的可能性。）我知道我可以将这些基因杂交到一些植物中，增加它们对干旱和温度变化的抵抗力。那个团队给我买了梨树、苹果树、桃树、李子树和不同种类的樱桃树，它们送到的时候都是小苗木或三英寸高的小枝杈。我将那棵杏树种在只完成了四分之三的房子旁边，因为知道房子散发的热量足以使它存活下来，这被称为黑匣子效应。此外，这种热量还会促使传粉的发生，这是一个小实验，成功的话就意味着这棵果树会结果，我可以吃到杏子。我所做的这一切有一个目的，那就是尽最大可能扩展安大略省短暂的生长季节，通过抵抗冰冻和我能够想到的任何其他手段来达到目的。

蔬菜园是我们买下那块土地后立即开垦出来的，这不仅是一件让人愉悦的事儿，也是出于生活和节省的需要。我仅有的一个爱尔兰园艺植物协会会员身份让我拥有了可以获得各种传统种子的渠道。我在我们的土地上发现了疯长的本地榛子树，并充分利用了它们。20 世纪 70 年代接近尾声的时候，随着房子的建成，克里斯蒂安和我还引进了许多黑核桃树的品种，有一些来自邻居的土地，一些来自安大略湖的加纳诺克（位于我们的西南方向约一个小时车程的地方），还有一些是我们购买或别人送给我们的，另有一些甚至是来自一些遗嘱，专门交给我来保管。

如果我们俩都有点空闲的时间，我们就会在家附近的东安大略省进行找寻植物的探索。我制定了一些标准来发现高品质的树木，我注意到其中许多树木正在遭到砍伐。我特别关注树木的大小和健康这些品质，以及它的起源和保护它所需的后勤保障工作——它何时结籽，生长在什么样的土地上。我想要尽可能接近原始森林的树木，因为它们的基因最健康，尽管不幸的是，在很多森林中，留下来的只是一些发育不良的小树。这些树木来自加拿大存活了数千年的森林，是我能找到的最好的品种：最适合这里的气候，并且最具有抵抗疾病的能力。

为了确定有潜在丰富资源存在的区域，克里斯蒂安和我研究了地形和航空地图。当人们最初定居时，所有的砍伐都发生在“好”的土地上——平坦、适合耕种或易于建造房屋的地域。任何有山丘、岩石或被沼泽环绕的地区都太过麻烦，人们不会进入，所以更有可能保持原样。这些地方是高质量本土树木的栖息地。我们还去寻找一些百年农场，这些农场在一百年到一百五十年前被开垦，正如其名称所示，在理想情况下里面的树木一直在同一个家族中生长。当我发现一棵优质的树木——有时大声喊叫让克里斯（克里斯蒂安的昵称）停车，这样我就可以跳出车来近距离观察生长在路边的树——我们会去了解谁拥有这块土地。如果他们拥有非常特别的树木，我们会与他们见面，告诉他们有关这棵树及其重要性的一些事情。

我记得有一个叫费恩夫人的老妇人，她拥有一块位于圣劳伦斯河边的土地，上面有我们见过的最大的北美胡桃树。我敲着她的门，她开了门。我告诉独居的费恩夫人，在我们的大范围旅行中，这棵树是我们见到过最令人印象深刻的胡桃树，我认为它可能是原始森林留下来的。这棵树生长在马路和输电线之间，费恩夫人告诉我们，在我们来访的几周前，水力发电公司想要把它砍掉，以便为其铲斗车提供更便捷的通道。她要求给她一些时间来考虑。“我有一种感觉，我不应该这样做，”她说，“现在我会告诉他们不要砍掉它。”

费恩夫人邀请我们进屋喝茶。我告诉她有关这棵树的事儿，并且提出请求让她保护这棵树，甚至在出售房产时对买家提出同样的要求，对此她感到很兴奋。发现自己拥有一棵特殊的树真的能让一个人振奋起来。那棵胡桃树至今仍然矗立在那里，一个孤独但坚强的幸存者。

我常常征求他们的允许，从我喜欢的树上取种子或扦插树枝。我从未被拒绝过。我把这些样本带回农场，将它们隔离起来，以确保它们不携带疾病，并进行生长试验。那些表现最好的物种，我会永久地种植在农场上，建立一个最优良的稀有本地物种的集合库。这就是我拥有的加拿大树木的植物园。

一个世纪以前，在我们居住的地区人们的生活非常贫困。许多农户建了非常大的果园，把收获的果实剥皮、晾干或以其他方式保存，以便在冬天有东西吃。苹果是俄罗斯品种，在北方培育，适应寒冷的气候并在这里杂交。他们还有一些梨树和李子树，虽然不多，还有一些酸樱桃，我可以肯定那是从爱尔兰带过来的。此外，一些地方还有很有趣的野生酸苹果（野山楂）。一种常见的酸苹果，当地农民称之为“水芯”，是一种美味的小苹果。我找到了一棵小酸苹果树，但我无法繁殖，那棵树最后死掉了（我担心这个品种现在已经灭绝了）。当克里斯蒂安和我想给我们的果园增加一些果树品种时，我们到处寻找，在一些已经成为废墟的老宅基地——在地图上被标记为曾经是农场、现在已经废弃的地方，找了个遍。我所有的玫瑰花都是从被遗弃的墓地边的玫瑰上切下树枝，通过扦插培育的。过去的人们喜欢在他们所爱之人的墓碑旁种植玫瑰花。

我还开始了我后来称之为“北美草药之旅”的工作，收集遗失的草药植物。这个花园领域的生化理念是基于植物释放的气溶胶或挥发性有机化合物（VOC）——这是许多古老原住民药物传统的科学基础。作为一名科学家，我对这些草药的疗愈性能特别感兴趣。我要寻找的植物中，排在首位的是一种失传的黑色芍药，它散发着巧克力的香味。世界上只剩下一株，保存在牛津大学的收藏品中。这种芍药，称为 *Paenonia officinalis*，是中国传统药物中的重要植物，是一种强效的血管收缩剂，也用于清除膀胱和肾脏中的结石。经过十年的努力寻找无果后，我写了一封言辞恳切的信给牛津大学，很快，一个填充了琼脂作为支撑介质的试管架到达了邮局，十个小小的体细胞克隆体放置在每个试管的上方，它们是从英国的母株上采集的。我成功地让这些小苗生长起来。它们在四年后开花，花朵各不相同，有的双瓣，有的单瓣，有的颜色比其他的更接近黑色。我将这些颜色较深的植株杂交，产生了更黑的颜色，它们成为了我芍药花园的核心。每年 6 月开花时，我都要手握一杯茶去看它们，为它们祝福加油。

克里斯和我的搜寻和探险并不是让植物来到我们农场的唯一方式。我现在从厨房窗户向外欣赏着的高耸橡树是二十五年前被松鼠种下的。还有一些植物是遗赠给我的。第一次收到的遗赠是一棵在实验农场培育的醋栗灌木。将它传给我的是那里的一个育种师。直到最近，我一直为全球的植物园撰写文章。我接受的报酬是实物，而不是现金，通过查看他们的植物清单来寻找可以置换的植物，然后我要求他们给我种子或插条。我总是期待着惊喜，现在仍然如此。在加拿大，我还向原住民咨询；他们跟我描述在某个特定地区他们会寻找什么，这引导我发现了许多我自己无法找到的植物。（他们中有些人称我为“药物保护者”，我为此感到自豪。）

一些年长的农民也是知识的丰富源泉。一个名叫格兰特·贝克的邻居告诉我，在 20 世纪 30 年代一个特别艰难的冬天，他把他所有的切维奥特羊[①]放进了一片雪松林中——那是一片东方白雪松，因为他没有足够的钱来买饲料，也不想让它们在谷仓里饿死，所以他把它们放进了树林里。他说，羊靠着雪松过冬，到了春天它们出来的时候看起来和以前一样健康。我调查了一下，发现冬天会引发雪松中的化学变化，产生一种类似香草精的化合物，叫作丁位葑酮化合物（delta-fenchone），它是一种天然的增味剂。通常鹿会喜欢吃，似乎非常喜欢它的味道，但是所有的有蹄哺乳动物都可以在整个冬季进食雪松的绿叶。后来，我发现原住民称雪松为“生命之树”，就是出于这个原因：它有供鸣

① 切维奥特羊（Cheviot Sheep），一种白面羊品种，得名于诺森伯兰郡北部和苏格兰边境的山麓。在北美，切维奥特羊是具有双重用途的品种，主要是为了获得羊毛和肉类而饲养。

禽食用的球果和供有蹄动物和兔子食用的绿叶。

我的朋友们也付出了巨大努力，给我带来很多植物。我有一棵白色樱桃树，我本以为它是一个灭绝的品种，直到两位德国朋友，海蒂·魏勒和诺伯特·魏勒，在上阿尔卑斯山的一座农场上发现了一棵。那个农场的一对老夫妇原计划要砍掉这些树，但海蒂和诺伯特请求他们不要这么做。海蒂说："我认识一个在加拿大的女人，她正在寻找这种樱桃树。"我给出了关于准备发运这些水果的指示，这些白色酸樱桃必须在果核上发酵，然后才能发芽并生长成樱桃树。现在我已经准备好重新引入这个物种了。

在很多植物来到我们农场的过程中，都有幸运或命运的因素，就像上面这两个例子，重新发现白樱桃和找到费恩夫人的北美胡桃树，就在这两种植物被砍伐并且可能永远消失之前及时赶到，何其幸运。这就好像在我希望寻找某种植物时，我把搜寻的能量传向世界，然后，各种机缘巧合，在我发愿后的几天或几周后，那些植物就回应了我，来到了我的家门前。

但是，就榆橘树（*Ptelea trifoliata*）而言，这样的幸事似乎不太可能发生。榆橘树的外观并不起眼，几乎只能算作灌木，曾经生长在安大略省的森林中,并被当地原住民族群视为神圣的树。当拓荒者们最初来到这里定居时，他们饱受寒冷和饥饿的折磨，迫切需要柴火。殖民当局告诉他们，要想拥有土地，就必须把土地上的所有树木砍掉。他们通常会在居所周围保留几棵大枫树，因为他们从原住民那里听说可以从枫树中提取糖浆。阿克维萨斯尼的莫霍克族[1]的火种守护者告诉我，早期拓荒者们还得到了关

① 阿克维萨斯尼的莫霍克族（Akwesasne Mohawk Nation），生活在加拿大和美国边界，以及安大略省和魁北克省的莫霍克印第安人。

于榆橘树一条建议：不要砍伐这种神圣的树。然而，对于这样的充满智慧的忠告，他们并没有听从。

所有了解这种树的原住民部落都将其作为传统草药使用。尽管它有时看起来不太起眼，但这棵树含有一种协同生化物质，可以强壮你身体的主要器官，促进新陈代谢。它还使你的身体能够有效利用药物，增强其效力，并减少所需的用量。例如，在现代医学中，如果你需要化疗，并将药物与此树提取物搭配使用，剂量将大大减少。这样的药物被称为协同剂。例如，当你的身体中没有那么多化疗药物时，你就能更好地应对副作用，处理它们带来的压力，将它们排出并更快恢复健康。我将这种小树列入我的愿望清单大约已经有二十五年，但在加拿大它似乎已经完全消失，可能已经灭绝。我几乎放弃了寻找它的努力。

在 2000 年前后，我为加拿大广播公司做了一档广播节目，该节目被改编成一个系列,用于在佛罗里达的各个广播电台播出。在我的研究中，我发现塞米诺尔人[①]也使用榆橘树，所以我猜想佛罗里达可能是仍然存有此树的最后一个地方。或许某个积极主动的听众能够出去找到野生的榆橘树——怀着这样的希望，我通过广播给出了说明，讲述了如何去寻找，以及成熟的榆橘树看起来是什么样子。虽然没有现存的有关此树的图像，但我尽力做了完整的描绘。我还说明了寻找的时间：从 7 月底到秋天，这些树上会结出一种独特的种子荚，圆而薄，像个大硬币或圣餐威化饼干，就因为这个，也被俗称为“圆片果”（wafer ash）。然后，我将我的描述发送给整个美国东部的自然学家们。发出去的信和播出的节目都收到了回应,让我知道很多很多人正在寻找,

① 塞米诺尔人（Seminoles），来自美国佛罗里达州的印第安人。

但他们并没有成功地找到那个品种的榆橘树。

在这些努力未能取得成果之后，我以为这种树已经消失了。那真是一种很糟糕的感觉。你无法重新创造一个生命。在它被消灭以后，它将永远不会回来。那种树在过去有巨大的价值，我认为它在未来也将有巨大的价值。但现在的情况是，我们不仅失去了那种利用它来治愈的能力，而且也失去了这种树本身。

大约五年后，我在得克萨斯州的沃思堡市，被邀请去给当地的学童做一周的关于气候变化的讲座。在那里，我收到了一位非常富有的女士——我称她为玛利亚——的邀请，请我去参加早茶聚会。我同意了，但那天早上，我几乎取消了那次约会。我住在我的好朋友瑾格那里，她给我安排了一张大到需要踩踏板才能爬上去的四柱床。当我醒来时，我忘记了踩踏板，一头栽下去，腿被擦破了，使得我像特洛伊人一样咒骂起来。早茶约会定在早上八点，但我不想拖着受伤的腿去赴约。朋友劝我还是要坚持一下，赶过去参加。

一位司机开车来接我，把我带到一座庄园的大铁门前。司机摁了一个按钮，等铁门打开后开车驶过去。里面到处都是穿着战术服装、手持枪支的人——玛利亚拥有一支私人武装。

一位管家领我进入前门，引着我去书房。房间自然非常宽敞，梵高、达利和雷诺阿的画作被挂在墙上。玛利亚在那里等着，茶已经准备好了。她给我让座，递给我一个很大的古董粉彩瓷盘，上面放着一块饼干。我想要是打碎了这个盘子，那我可赔不起——这是一件稀有的中国古董，于是我把它放在桌子上，把饼干放在手掌上吃。

我们闲聊了一会儿，玛利亚提到了我的姓氏。“我过去有一些邻居姓贝雷斯福德。”她说。

“那是在哪里？”我问道。

“在亚利桑那州和新墨西哥州。”

“他们是我的亲戚。”一个想法突然涌上心头，“那你在新墨西哥州有土地吗？”

“噢，有的。”

“你有多少个牧场？”

“我有六个。”

“是吗？你会不会还拥有一座山？”

“是的。”

“山上有砾石吗？”

我的大脑开始飞快地转动：榆橘树必须在砾石上生长，这种树的根系比其他许多树种需要更多的氧气。

玛利亚确认她的山上有砾石。

“你有没有砍伐过牧场里的森林？”

“没有，一切都保持原样。”

玛利亚的家族拥有这片土地已经很多年了。她猜到我对此可能特别感兴趣，于是告诉我很多年前，他们曾经请一位植物学家到各个牧场做尽可能多的植物分类工作。那位植物学家整理了一本植物标本集，她仍然保存在其另一处房屋中。

我激动得几乎无法出声：“你的收藏中有榆橘树吗？”

她不是太清楚，但告诉我她会让她的地产经理去查看一下。“明天就知道了。”

第二天我接到了电话。“我邀请你来我家，”玛利亚告诉我，又有点低调地补充说，“我已经准备好了香槟。”

我又被接回了庄园，进入书房。玛利亚已经在那里了，手里握着打开了的香槟。她的三个儿子和几个孙子排成一排，最小的男孩系着蝴蝶结。每个人都拿着一个酒杯。每个男孩都走过来握了握我的手。然后玛利亚说：“我要郑重宣布：我们有榆橘树。”

“你不会在开玩笑吧！”我尖叫道。我本想在房间里跳跃一番，但屋里有太多的孩子，昂贵的物品更多，我可不能冒这个险。

玛利亚温柔地让我平静下来。她告诉我，她家里的植物标本集至今有五十年之久，这个标本集证明她的地产上有榆橘树。不过，尽管他们从未砍伐过牧场上的本土植被，但不能保证野外还有此种植物生长。我几天后要离开得克萨斯州。玛利亚问我是否愿意回来。“回来吧，我们可以去我最大的牧场看看是否还有这种树。”她提议。我当然接受了。

从那一丝希望的燃起到我们双方日程都能安排上的实地探索之间，过了几个月的时间。在等待期间里，我的心情就像是在坐过山车。每天我的心里都会有段时间充满希望，确信榆橘树即将被找到；又会有段时间陷入完全的绝望，无法摆脱那种它已经永远消失的肯定性。榆橘树甚至进入了我的梦中，就像某种幻象，每当我靠近时它就会消失。

我回到了沃思堡市，在玛利亚那里住了一晚。第二天早上，飞行员艾伦开着私人飞机把我们送到了她的牧场。然后我得知玛利亚为此雇了一架直升机。这位越战老兵飞行员带我出去搜索。我用皮带系住身体，面朝下悬挂在直升机的一侧，手持一副沉重的海军双筒望远镜，以便更好地观察地面。我在直升机上被绑了整整四天，我们在牧场上划分出整齐的网格，按照这个方式找寻，面积达两百平方英里。在最后一天早上，出现了厚厚的一层露水，这在新墨西哥州并不常见。露水被榆橘树的果核壳圆形网状结构所吸收，在阳光下反射出光亮。即使从我们的巡航高度上看，也不可能看不到，那些果核在树上就像是一把闪亮的硬币。我通过无线电向飞行员尖叫："放我下去！"我激动万分，一时间忘记了自己是在直升机上。

他找到一个适合我们降落的地方，准确无误地降落在一个砾石堆上。我松开绑带，从直升机上跳下来，完全忘记了存在着蛇的危险。我径直跑向那棵树，伸出双臂搂住它，开始大声哭泣起来。我一直呜呜地哭个不停。

回到牧场的房子里，我告诉玛利亚我成功了，她跟着我回去看。那时已经傍晚了，露水已经蒸发。没有露水，这棵树和周围的灌木没有区别，在我们靠近时几乎看不见。整个牧场上只有一棵完全成熟的榆橘树。玛利亚又拿出了用来庆祝的葡萄酒，喝了一杯后，我告诉她现在可以把我当作真正意义上的"抱树者"[1]了。

① 抱树者（Tree hugger），通常被用于描述那些对环境保护事业，尤其是在倡导保护森林、树木和自然环境方面充满激情的人。这个词的起源来自于人们实际拥抱树木的做法，作为一种抗议或环保行动，尤其是为了防止它们被砍伐。

第十二章

劈柴

1982 年，我辞去了渥太华大学的工作。在那个时候，我们在那块土地上定居已有八九年的时间，农场逐渐成形，我们的房子也开始有了宜居的感觉。花园逐渐向外扩大，到今天达到了八英亩大小。果园开始结果，真正的硕果累累。我们在房子前面种了一大圈黑胡桃树，形成了一条圆形的林荫大道（*allée*[1]）。花园和农田四周种植了篱笆，这增加了花蜜和花粉的供应，吸引了鸟类和昆虫纷纷到来，停留片刻。整个一百六十英亩土地，我们全部实行有机管理，使用休眠油喷雾、硫磺喷雾、石灰水等，这在当时绝对非常罕见，因为附近区域的每一块农田都浸透着杀虫剂。我一生都对大自然怀有狂热的爱，渴望被绿色的植物所环绕。这里是一个让我每天都能与我心爱的植物王国共处的地方。

我的公公赫尔曼·克勒格尔（Hermann Kroeger）是马歇尔航

① allée 源于法语，是一个与园林景观相关的术语，指的是一条沿街种植树木的大道或路径，旨在于景观中营造秩序、对称和透视感，创造出一个视觉吸引人且常常阴凉的通道。

天飞行中心的副主任，也是阿波罗计划的重要成员。他讲过一个他大学时代的故事，一直留在我的脑海里。他当时在攻读航空工程硕士学位，学习一些相关材料的知识——他将来可能会被要求用这些材料来建造火箭、飞机或其他人们寄予厚望的东西。他的教授给了他一桶金属铸件和一把锉刀，交代给他一个简单的任务：用手工磨光所有铸件，必须磨得完美光滑。

起初，这似乎是一项毫无意义，甚至有点残酷得不近人情的家庭作业。他花费数天时间削磨铸件，有时候忍不住会想这不过是教授滥施权力的游戏而已。当他终于完成了任务，留下酸痛的双臂、一堆金属屑和抛光的铸件时，却也理解了教授让他这样做的目的。他很肯定地跟我说，这个任务让他对那种材料有了更全面的了解，这是他在没有完成这项任务的情况下所无法获得的。只有全身心地沉浸于其中才使他得以对这种材料有全面的认识和鉴赏。这个简单的任务在把人送上月球的过程中起到了关键作用。在农场里，我寻找着我自己版本的金属锉效应。我希望能够沉浸在自然中，亲密地了解它，就像了解我所爱的人、了解我自己的内心一样。

融入大自然之中，像呼吸空气一样感受它，或许突然之间，毫无征兆地，新的发现可能会随时降临。当我看着克里斯用斧头劈开一棵枯树来做取暖用的柴火时，在一块又一块木头的树皮上我或许可以看到相同的深色纹理。在堆放劈开的木头时，我会想着它们都已经烂掉了，这个结论大部分时候都是正确的。但是终于有一次，经过多年来堆放、观察了无数块木头，一次又一次地看到这种纹理之后，我发现了一些细微的、不一样的东西。一道紫色、粉色或黄色的条纹会引起我的注意，突然间我意识到我看到的不是朽木，它是一种生长在树上或者树里面的真菌。我还注意到，每种特定的树木都有其自己独特的、有别于其他树木的两三种真菌群。

这意味着什么？这些真菌都来自它们王国中较高级别的种类，比其他形式的真菌进化得更多，并且在生化物的制造过程中更加复杂——其中许多在实验室中都很难复制。真菌使用这些化合物攻击树木,而树木则产生自己的一系列化学物质来进行自卫。我在显微镜下研究这些物质，发现它们都具有药用属性。因此，这场战争的产物是药物，以及树木向大气中释放的有益气溶胶。现在的临床研究显示，许多树种可以增强免疫系统，并对身体提供保护，防御各种癌症。

你必须要亲自砍倒树木，走向一堆堆木头，一次又一次地挥着斧子劈开它们，才能发现这一切。你也必须用自己的双眼仔细去看，才能注意到有些事情正在发生，那些或许是你并不理解的事情。我之所以有一个迫切的愿望要拥有自己的土地，部分原因就是渴望能够全身心地沉浸于其中。这种沉浸体验所产生的洞察、看似微不足道的细微发现以及试图去理解个中缘由的渴望，所有这一切构成了我一生中最重要的思想基石。

当我前往花园、田野和森林时，我并不是空身一人，而是随身携带了很多东西。我拥有完整的科学教育背景，这是一套知识和技术的基准，我可以用来测量和理解我观察到的事物。我拥有那份摆脱了制度束缚的自由，拥有自己的空间，可以追逐让我好奇的事物，而不受到外界的干扰。我拥有克里斯蒂安的爱、信任和支持，很快还有我们的女儿埃里卡，他们是坚不可摧的力量源泉。我拥有曾经生活在社会边缘的孤独和绝望，这些令人恐惧、也时时让人痛苦不堪的情绪，有强大的力量夺走你的一切，只剩下最初的你，别无其他。我拥有画家的眼睛去发现美，它能够引导我去发现新东西,跟理性思维所获得的有序思考一样确信可靠。我还拥有来自利辛斯的古老知识，以及它赋予我的对大自然的认识：大自然是支撑我们自身和整个地球所需的一切的神圣源泉。

我所欠缺的是资源。我想要调查的任何事物都必须廉价，就像我选择生长柜里面已有的物种来进行硕士研究时所做的那样，我必须考虑物资上的种种限制，在条件许可的范围内去做研究。但对于任何科学家来说，这些限制或多或少都存在，而巧妙的方式总能充分利用有限的经费，产生最好的想法。我也很幸运，农场上那个无需任何费用就能观察到的世界，持续不断地给我提供那些我渴望回答的问题；农场本身就是验证我的想法的理想实验室。

在我们刚开始住在这里的时候，克里斯蒂安和我对农场进行了网格化划分，就像我后来在玛利亚的牧场上做的那样，并在其中寻找古老的树干，这是该地区最后一些原始森林的遗迹。在这个过程中，我们发现了北美香柏（*Thuja occidentalis*）的巨大树桩，除了雪松外，我还注意到我们之前碰到的过去遗留下来的许多巨树是山核桃。它们的体积令人惊叹，直径可达十英尺，树干如此庞大，以至于很多很多年前进行砍伐的人们根本无法处理它们，要费很大劲才能艰难地将它们运出去。它们曾经生长得如此茂盛，这无疑表明它们可能非常适合这个地区。在好奇心的驱使下，我开始研究山核桃。我关注它的重量、木材体积和封存二氧化碳的能力，并发现在加拿大东部的这个地区，山核桃和橡树一样，是最优秀的碳汇物种之一。

用再多的言语来赞美山核桃都不过分。它们是一个非凡的物种。大约有二十个品种，主要分布在北美洲，甚至延伸至中美洲，在中国也有一个孤儿品种。它们与这个大陆的长脸形状相得益彰，在这里它们可以吸收过剩的太阳辐射。传统上，山核桃是土著人的生命之源，他们用山核桃制作一种奶酪、油、牛奶、奶油和酒精饮料，也是因为这个原因，他们似乎没有遭受我们今天所面临的多种脑部疾病。山核桃在应对气候变化方面有着出色表现，那是因为它们对大气中的二氧化碳有着巨大的需求，由此茁壮生长并因而产生大量高品质的坚果。我在我的植物园中种植了几乎所有的山核桃属（*Carya*）物种，但我仍在寻找绒毛山核桃（*Carya tomentosa*），这是美国东北部和加拿大东南部土著人用来熏制肉类和保存蔬菜的一种山核桃。大核桃树（*Carya laciniosa*）是我一直以来最喜欢的树木。

通过观察我多年来种植的树木，我学到了很多第一手的知识。例如，我早就知道胡桃树分泌的某些化学物质会抑制其他植物的生长，在我的植物园中，我看到了实证证据。即使距离胡桃树远达六十五英尺的苹果、梨、李子和山楂等易感树种也会受到这些化学物质的影响，尽管这需要近三十五年的时间才会发生。因此，我失去了一些心爱的杂交品种，甚至某些雪松也受到了影响。

观察野生动物的行为也带来了类似的发现和一些长期的实践经验。我们留出了一大片未种植的田地，以便让鸟类有一个享受沙浴的地方，将它们羽毛中的螨虫和虱子驱除出去。每年 3 月，我们清理所有蓝鸟和树燕子的巢箱，并用新鲜的木灰填充，以便长途迁徙后抵达的候鸟可以抖梳羽毛，享受室内浴。我们的一些田地和花园周围都有干石墙[1]，蛇类、蝾螈和火蜥蜴愿意在这里度过冬季，远离掠食者的威胁。在最寒冷的季节来临之前，我在墙面上堆放小堆落叶，就像是一群小帐篷组成的聚落，为瓢虫提供避难所。有谁知道呢？豪猪、雪松和鹿之间居然有着终生的联系。在地上有积雪的冬天，豪猪会在夜间离开巢穴，从雪松树上咬下树枝。它们会吃掉一些，吃剩下的则留在地面上供饥饿的鹿食用。

与种植本土和稀有物种一样，这些细微但精确的努力全部汇聚到一起，为着一个共同的大目标，即向各种形式的生命伸出友好之手。我的花园永远不会是一个只有贫瘠的美丽、全球各地搜集过来的妩媚花朵，只能从严密的围墙后面向世界张望的地方。无论是与生俱来的，还是在利辛斯培养的，我的热爱都是向着一种积极而开放的美，一种存在于所有生命之间错综复杂关系中的奇迹。

举个例子，我有一棵柳树，两年前用一根三英寸的插枝种下，现在已经长成了一棵高高瘦瘦的树。去年夏初，我注意到树皮上大约六英尺高处有一排小孔，每个孔径只有六分之一英寸。显然，这是黄腹啄木鸟（*Sphyrapicus varius*）的作品，它是一种被俗称为吸汁啄木鸟的小型啄木鸟。黄腹啄木鸟是加拿大东部特有的一个物种，许多园艺师认为它们是害鸟，他们当然有足够的理由。吸汁啄木鸟会打开这些小孔，使树液（树木的糖分）在边缘积聚，让它们可以充分吸食，它们的名称就是这么来的。它们会对活树造成伤害。特别是当没有足够多的树液时，这种损害可能会导致

① 干石墙（dry-stone wall），也称为干垒墙，是一种建筑方法，不使用现代建筑材料如砂浆或水泥，而是通过堆叠石块使它们互相咬合并保持稳定的方式来构建墙体。它们通常用于划定边界，或用于各种园林和农业。

树木死亡。

然而，我没有想方设法赶走这些鸟，而是静静地观察和等待。在啄木鸟完成它们的工作并饱餐后的两周，蝴蝶开始大量出现在这些小孔周围。在这段时间里，树液的表面开始结晶。我意识到这些蝴蝶来这里是为了让自己获取糖分，并享受啄木鸟辛勤劳动后留下的电解质。这些电解质将色素递染到蝴蝶的翅膀上。

我有幸欣赏到了一段缓慢而美丽的蝴蝶舞蹈，当它们飞走后，我发现它们把音乐留下了。吸汁啄木鸟凿开的小孔恰好是寄生黄蜂偏爱筑巢的大小。黄蜂是一种有益的寄生蜂，可以将各种恶性病原体从花园里赶走。大自然在某种程度上是非常宽容的，但是它也不会容忍过度干预。如果我没有在整个夏天一直追踪发生在这一排小孔边的事情，就不会理解它们的重要性，也不会有机会欣赏到这一整个引人入胜的自然链。如果我驱除了吸汁啄木鸟——就像许多园艺师可能会急于做的那样——我可能会失去蝴蝶和黄蜂。在户外度过的每一天，你都会学到一些东西。这可能是一些微小的事物，但这些微小的事物对一些非常重要的事物而言可能会发挥关键的作用。发现这些小事物以及它们之间的联系，并且看到它们在整个生命之网中波及的影响，这是大自然真正的美妙之所在。这就是我努力去理解和获取的东西。

我现在可以说，我们整个一百六十英亩的土地都是按照这种激励生命生长的方式设计的。我们在篱笆围墙种植的植物吸引了鸟类和昆虫，它们到来后可以找到丰富的食物和宽敞的栖居地，同时也能够逃避几乎无处不在的化学品的侵袭。在我们的蓝鸟步行道上放置巢箱或者是做出不干预啄木鸟的决定，这样的行为细节都融合成一个有机的整体。从整体上看，人们可能很容易相信我们这个地方的设计来自一个单一的总体规划思想。这种观点也有一定的道理。从一开始我在这片土地上工作以来，我的设计就倾向于遵循自然的内在规划，但实际上，从我多年以来埋头在土地中苦干的视角看，我并不是总能看到这一点。

我开始保存物种，只是因为我认为它们很重要，不应该失去它们。当我特别把重点放在植物的耐寒和抗旱能力时，是因为我的硕士研究，以及在本科期间修改三年级植物学讲义时所学到的关于中间物种[①]的教训，让我毫不怀疑破坏森林会直接导致气候变化。鉴于没有迹象表明世界范围内的森林砍伐会被控制，我没有理由不相信，长此以往，在未来，只有最顽强的物种才能存活下来。我们所理解的生物多样性将成为历史。

我们农场布局中的许多其他成果都是通过不断试错而获得的，其中包括果园和核桃树之间的安全距离。像任何园艺师一样，我尝试了很多不成功的东西。我种植了一种叫作“可靠”(Reliance)的桃子品种，它能够在加拿大的冬天存活下来，但是我用来嫁接它的砧木却不能。当寒冷的天气导致砧木和接穗愈合处断裂时，我失去了这种桃子。从这次损失中我学到了宝贵的教训。我现在也知道，一个耐寒的桃子品种在现实中是可能存在的，尽管在我有生之年已经没有时间来培育它了。

我们在农场差不多度过了十年时间后，我才清楚地看到了这片土地是一个完整的整体的愿景。有一天早上醒来时，我看到一只血红色的雄性红雀蹲在杏树的枝条上俯视着我的窗户，杏树上开满了星形的粉色花朵。正如我在《北温带花园的生物规划》一书的引言中所写道的，这是一个柔软心动的时刻：我第一次看到

① 指第九章提到的介于蕨类和常绿植物之间的物种。

了我与卧室窗外的自然世界联手建立起来的共同体。

“生物规划行动”是我创造的一个术语。就像自然界的许多事物一样，它是一个简单的概念，却显现出了无尽的复杂性。正如我在书中所写的那样，生物规划是“自然界所有生命互相关联的蓝图”。它是一张看得见又看不见的网，将柳树与吸汁啄木鸟、蝴蝶与寄生黄蜂连接起来，也将它们与我们所有人连接在一起。它是一个进化的框架，一种平衡，一个从给予到接受再到给予的过程，使生命得以在我们的星球上存在和繁荣。生物规划行动就是帮助和鼓励生物规划的行为。在一个花园或一个农场，这意味着要做出调整，促进它作为自然栖息地来使用。

第一次见证整个农场如何融入一个统一的生物规划是一种神圣的体验。自然界的根本真理始终存在于我们周围。让自己敞开心扉拥抱它，并在捕捉到信号时做出回应，我得以一点一点地逐步建立起了一些实质性的东西，从头到尾都是确凿无疑和正确无误的真理。除了这一最初的认识，我还看到了更深刻的全球性教训，甚至是一个路线图，将我整个生命的经历编织在一起，一直回溯到我在利辛斯度过的童年时光。

气候变化是人类面临的最大挑战。它触及每一个活着的生命。要理解它的全貌则更是一项艰巨的任务。对于任何个体来说，试图去思考一下解决方案之类的事立即会让人感到这根本不可能。由于这个问题太大，许多人选择转身避开，他们全然否认这个问题的存在。另有一些人虽然承认这个真相，地球上每一位气候科学家对此早就呐喊过，却接受了一种愤世嫉俗的信念：人们的行为永远不会改变，努力拯救地球几乎没有意义——我们注定要灭亡。请允许我直言不讳地说：对于任何一个准备转身、无视这个问题的人，或者缴械投降认输的人，我没有时间，也没有耐心。

在我和帕特·利辛斯一起前往收割和垒起五英亩麦子的那一天，这个任务似乎太大，大到难以用常理来形容。当然，与我们现在面临的生命威胁相比，两个人对付一片庄稼地是微不足道的事情。但是在你的头脑和内心中，当一个问题超出了你的能力范围时，到底超出多少，其实关系不大，不可能就是不可能。那天的事情教会了我无论如何都要迈出第一步；还教会了我，无论是独自一人还是共同承担，我们的极限能力都远远超出了我们的想象。它也教会了我，没有什么绝望的境地这一说。

在意识到我为植物、动物和昆虫所做的每一分努力都与其他一切相互融合、相互增强的那个柔软心动的时刻，我感到了我和帕特在田野里一起度过那一天时所拥有的那种力量。我是从另一个方向接近这种认识的——不是只看到目标而不知道如何实现它，而是看到了具体的步骤，却没有理解它们都沿着同一条道路前进。但得到的经验教训是一样的。积极的行动，无论多么微小，都可以为实现更大目标而做出贡献。就像我在布列汉监护期间获得的每个知识都同样宝贵，每一次帮助和鼓励自然界的努力也是如此。无论我们是强者还是弱者，我们都必须采取行动来阻止气候变化。我们都是一个共同大家庭里的兄弟姐妹，自然界是我们共有的家园。

自从意识到这一点以来，这些年里我制订了一项行动计划来阻止气候变化。我称之为全球生物规划，让人类的每一点努力拼接成更大的力量，共同重建自然世界以覆盖整个地球。它不是解决气候变化的终极方案，而是一种逆转已经造成的损害、并为我们找到解决方案争取时间的手段，是在认真解决我们的破坏性行为以前能够稳定气候的手段。

全球生物规划的核心是一个简单的想法。如果地球上的每个人在接下来的六年里每年种植一棵树，我们就能够阻止气候变化的步伐。这些新增加的奇妙的分子机器会从大气中吸收碳，将其封存在树木中，并释放出氧气，从而阻止全球气温的上升，并将其恢复到可控制的水平。三亿年前，树木将一个富含碳的环境转变为能够维持人类生命的环境。今天，它们同样可以做到。

然而，这个简单的想法并不是终点。如果你没有空间或办法种植六棵树怎么办？就像我与帕特·利辛斯在一起时学到的一样，也像我从大脑中生发出生物规划的想法那样，你要做的是迈出你能够迈出的第一步，并且要持有信念。

个人的生物规划可以从一种非常简单的形式开始，比如在城市高楼阳台上放一个花盆。一种有益的植物，比如薄荷，会释放气溶胶，有助于你吸收新鲜空气。这个植物也会给鸟类和其他小生物以及你所爱和亲近的人带来同样的益处。全球生物规划的真正目标是让每个人为自己、家人、鸟类、昆虫和野生动物创造和保护最健康的环境。这种属于你的个人生物规划也因此就与你的邻居们的生物规划无缝连接，并会呈指数级扩展。如果我们每个人都从很不起眼的事情开始，比如从一棵橡子开始，将其培育成为一棵橡树，一棵我们种植、保护和管理的树木，如果我们这样的思维可以大规模地实现，那么地球就不会再因为我们的贪婪而受到威胁。我们将成为它的守护者。这是一个为每个生命争取更美好世界的美丽梦想。

当然，我们还需要保护我们已经拥有的森林。无论如何，每人每年种一棵树是好事，但如果我们同时在亚马孙雨林进行乱砍滥伐，掠夺北方森林，我们所产生的积极影响将大大减弱。碳封存和释放的数学原理已经足够令人信服，足以让我们停止破坏，但在“生物规划”的概念中还有另一个重要的思想。当我们砍伐一片森林时，我们选择摧毁的东西远不止是眼前看到的树木。

虽然在我的科学研究生涯中，我已经找到了很多问题的答案，但如果要列出一个我想要知道的有关自然界事物的单子，那么这个单子要比我离开渥太华大学时长得多。我在植物的树皮、叶子、根部或从植物向空气中释放的物质中发现的每一种药物其实都暗示这样一个事实，即存在着另外无数未知的可能性。每一个我们无法看见或看起来不可能的自然世界与人类生存之间的联系都让我确信，我们对我们生活所依赖的一切了解甚少。我们仍然无法解释水是如何到达树顶的，植物是如何违背物理定律，使水往上流动的。在我们对这样的基本原理仍然不甚了解的情况下，我们怎么能去砍伐一片森林呢？试想一下吧，我们的行为是多么傲慢、贪婪和短视。

此外，我们还有更多的途径来应对气候变化。从更大的角度来看，我们可以团结起来与政府和产业抗争；我们可以让自己随时了解破坏森林的各种计划，并时刻与他们展开斗争。我参与了许多这样的努力。即使在与跨国公司、国际组织和政府做斗争时，我们也赢得了胜利。例如，我参与了一个名为“红尾鹰之友”的组织，帮助保护皮克图县[①]的一片成熟森林，这片森林通向加拿大东海岸的圣约翰河，并沿河伸展。我还为渥太华市撰写了生物规划总体报告，并在国内外担任许多环境组织的科学顾问。

① 匹克图县（Pictou County），加拿大新斯科舍省的一个县。

在更小的范围内，我们可以在自己的社区和城镇中担任守护者和管理者的角色，正如在曼尼托巴省的温尼伯市[①]获得的巨大成果那样。该市的居民团结起来保护他们的美洲榆树（*Ulmus americana*），更换了能够捕捉榆树皮甲虫（*Hylurgopinus rufipes*）的黄色诱虫带[②]。榆树皮甲虫在无性生殖阶段传播致命的菌种光滑壳菌（*Ophiostoma ulmi*），这是一种我们正努力控制的具有侵略性的病原性真菌。这些努力激励了其他人做更多的事情，它们是激发意识觉醒的火花。如果在你的街道上有一棵高大的树，请确保当地政府知道你很珍惜它。每次投票选举都是一个让关心森林的人能够获得更大权力和威望的机会。

我们现在的地球人口接近八十亿。在保护我们已经拥有的森林的基础上，我们需要种植大约四百八十亿棵树——每人种六棵树——才能从大气中吸收足够的二氧化碳，以阻止气候变化。四百八十亿可能看起来是一个难以实现的数字，但有一个简单的方法去实现它：迈出第一步，一直往前走。

① 温尼伯市（Winnipeg），加拿大曼尼托巴省的首府。
② 黄色诱虫带（Yellow insect bands），指用于捕捉昆虫的涂有黏性物质的带子，其颜色通常是黄色。

第十三章

母亲树

想象一下，你正走在一片田野中。阳光明媚，但并不炎热。脚踩下去松松软软的，地上长着青草、野花、蕨类还有其他植物。偶尔，你穿过一小片裸露的土地，沁人心脾的泥土气味扑鼻而来。有一次，就在你跨过这样一片区域时，一棵橡子从你的口袋里掉出来落到了地上。

这颗失落的果实会得到命运的眷顾。果壳和果环分离，里面的种子在土壤中找到了一个温馨的家。几天、几个星期或者几个月的时间里，它裂开种皮，一根翠绿的幼苗破土而出，然后长出两片粗壮的叶子，吸收着阳光和二氧化碳，将它们转化为能量和纤维。它茁壮成长——从种苗到树苗，再到成熟的大树。它高高地伸向天空，树枝蔓延开来，成为周围最高的生物。

这种高度吸引了正在迁徙的鸟类，在它们从南到北或从北到南的长途跋涉过程中，这棵大树张开树枝欢迎它们，给它们提供休憩和庇护场所。这些鸟类的羽毛上涂覆着一种含有维生素 D

还原形式的油。当阳光照射到这种油上时，它会激活分子，切断第二个化学键，将其转化为活性维生素 D。这些鸟儿栖息在大树上，整理羽毛，摄入维生素，帮助它们抵抗疾病并产下更多健康的卵。在此过程中，它们还会摇落羽毛上附带和脚上夹着的种子。它们的粪便中也会排出一些种子。

这些种子落在橡树周围的泥土上，其中一部分，就像多年前的那颗橡子一样，也会发芽。那棵大树的落叶随着时间的推移形成了富含腐殖酸的腐殖质土壤，有助于新苗的根系吸收水分和养分。当这棵橡树长得强壮有力时，它甚至能够通过根系将碳和氢传输给周围的植物，尤其是自己的后代，这就是它输送的食物，就像母乳喂养一样。只有特定的物种能够从大树的食物馈赠中受益，但也包括了很多物种，可以列出长长的名单。除了其他树木，蕨类、地衣和苔藓也从这棵大树的慷慨馈赠中受益。许多树木在树荫中繁育生存，等待数代时间后长成。这些物种成长起来后，每一种都能为四十种不同的昆虫提供生存条件。这棵橡树的作用如同一座大都市，在三百年间成长为成熟的大树的过程中，它也催生了新的原生态森林。

简而言之，树木的 DNA 中蕴含着创造产生丰富物种所需的特定条件的能力。在这里，随着时间的推移，整个森林的生物规划都包含在单个种子的遗传物质中。当然，我不能亲眼目睹这个时间轴的展开。为了理解一棵树如何维持并时而催生周围的森林，我必须从森林本身倒推分析。

1995 年，我决定要做些事情来纪念千禧年的结束，这件事对加拿大有益，也能促进公众对树木有更多的认识。那年夏天，克里斯蒂安和我带着埃里克和她的朋友劳拉一起驱车前往我们在爱德华王子岛上拥有的一块土地。途中有一段路程是穿越新不伦瑞克省中部，从格兰瀑布镇[①]到米拉米契[②]，全程需要两个半小时。公路两旁都是树木，你会觉得自己正驶过一片宽阔的原始森林，一条道路在其中孤独地穿行。然而，在新不伦瑞克省，林业产业却有着悠久的历史，并且这种产业的力量坚如磐石。原始森林只是一个幻觉。

整个行程中，劳拉对两旁的树木赞叹不已。尽管她的兴奋很令人喜欢，但却不是基于事实。所以我对她说："劳拉，不能以貌取物啊。咱们下车走一走吧。"

我们把车停下来，鱼贯而下，朝着树林里面走了大约一百英尺，然后看到了公路背后的景象：视线所及皆是砍伐后的荒地，就像在月球表面一样。

劳拉脸上表现出的震惊重新唤起了我内心的痛苦和愤怒。我当场决定，让优良的基因回归到加拿大的森林中，这是一个值得去做的千禧年项目。如果我成功了，成果将永远长存。

我们最终将这个项目称为"千禧计划"，据我所知，它是北美历史上最大的树木种植项目。克里斯蒂安和我将七十五万颗种子和幼苗邮寄给四千五百个接受者。全部邮寄出去前后经过数年的时间。这些树木和种子都已经破除休眠，每一颗都附有文件、来源和种植指南；总共有二十二个不同的珍稀物种，全部都是本土物种，都是在我们的农场上培育的。我们将一棵紫荆树送到了育空地区[③]，多年来我都会定期收到它最新状况的更新。它每年

---

① 格兰瀑布镇（Grand Falls），又名大瀑布镇，位于加拿大西北部新不伦瑞克省圣约翰河流域的一个小镇，因附近由一系列岩壁形成的瀑布而得名。

② 米拉米契（Miramichi），加拿大新不伦瑞克省北部最大城市。

③ 育空地区（Yukon），加拿大北部的一个地区，以其崎岖而原始的自然风光而闻名，包括山脉、森林和河流，适宜诸多户外活动，如徒步旅行、露营和冬季运动。

夏天都会生长，但只能长到他们家花园里雪深的高度，看起来更像灌木而非树木。这在高北纬地区很常见，有助于树木的生存。

“千禧计划”的目标之一是发送具有我们能找到的最佳遗传物质的树木。从我们购买农场的那一刻起，克里斯蒂安和我就一直留意这些树木，但这个项目加深了我们的使命感。我们增加了远征的频率，渐渐地，我明白了一个事情。

每次我们找到一棵真正壮观的树，都能看到它周围的环境很健康，并且给人一种感觉，即所有在这个健康环境内的一切都向着这棵树倾斜生长。这通常是一棵相当大的树，周围的土地散发着肥沃和充满生机的气息。地衣会生长在它和周围其他树木的树皮上，这是一个很好的说明大气健康的指标，因为地衣在受污染的空气中无法生长。树的周围会点缀着不同的植物，根据季节不同而变化。在春季，会有鳞茎、块茎和球茎，还有像圆叶肝花（*Hepatica americana*）和各种三叶草等坚韧的常绿植物，它们通过地上层层叠叠的叶子覆盖而免受低温的影响，这表明土壤状况良好。在夏季，会有多年生植物、一年生植物和两年生植物依次出现，而秋季会带来大量的菌丝体结构，形成蘑菇。在整个生长季节中，动物和昆虫的活动也会很繁忙；有大量的蝴蝶飞入飞出，地面上的洞穴表明有老鼠和其他小型哺乳动物出没，而一些像蝙蝠这样的飞行动物则扑棱着翅膀钻进夜空中。

当我坐在那里，长时间地观察这些树木，有时连续几周内一次又一次地返回观察，发现很显然它们是活力和活动的焦点。它们是森林中的生命中心，所以我开始称它们为“中心树”。后来，当我了解到它们在环境中扮演的角色后，我改变了术语。我现在称它们为“母亲树”。

母亲树是森林系统中占主导地位的树木。当它们成熟时，能够提供二十二种基本氨基酸、三种基本脂肪酸、植物蛋白质和复杂的糖类，不论是以单一形式还是以复杂的聚合物形式存在，所有这一切供养着自然界，并且保护了自然界的繁衍能力，从昆虫世界到传粉媒介，再到鸟类以及小型和大型哺乳动物，莫不如此。

许多母亲树通过产生一系列天然化感物质[1]来保护它们的家园。从春季开始，这些物质会自动流入土壤中。这使得树木能够培养自己的土壤，从而产生有益于自身健康的矿物质。成熟的母亲树通过向树冠周围的空气释放气溶胶，一部分用以引来其他生物，另一部分用来保护自身。母亲树可以为其树冠下的其他树木提供食物和保护。它们是领袖，统领着我们称之为森林的社区。而森林，在全球各地都代表着生命。

母亲树还对海洋产生影响，日本的松永胜彦及其团队已经证实了这一点。秋天里，母亲树的落叶含有一种名为富里酸的复杂酸物质。当叶子分解时，富里酸溶解到土壤的水分中，使其能够吸附铁元素。这个过程被称为螯合作用。沉重的、富含铁元素的富里酸现在准备离开母亲树的家园，前往海洋。在海洋中，它释放出铁元素。像浮游植物这样的饥饿藻类会吃下它，然后生长和繁殖；它们需要铁元素来激活一种名为氮酶的身体构建酶。这一系列关系构成了海洋生态链的食物基础，它们供养了鱼类，并使鲸鱼和水獭等海洋哺乳动物保持健康。

此外，母亲树在春季还生产花粉，并开始向大气中释放气溶

① 化感物质（allelochemicals），一种由植物产生的与其他生物体相互作用的化学物质，可以对其他生物体产生不同影响，包括抑制生长、刺激生长或改变行为。化感物质在植物生态中发挥着重要作用，可以被植物用来防御食草动物，与其他植物争夺资源，并吸引传粉者。化感物质也可以被植物用来相互交流。它们存在于植物的各个部分，包括根、叶、花和果实。

胶。随着气溶胶在温暖的空气中上升，它们与水蒸气相遇并融合为一体，这是我们的天气形态得以产生的摇篮。人类大家族的兴旺需要依赖丰富的雨水供应，而这一切都来自于母亲树的恩赐。

我最初是在北方的森林中观察到这种组织结构的，但很快发现所有的森林都是基于这种模式。巴西坚果树（*Bertholletia excelsa*）在亚马孙雨林中也占据着同样的地位，成为其他所有物种维持健康的核心。在中国，有一种山核桃（*Carya sinensis*）孕育了中国的森林。母亲树总是呈现为坚果、豆科或橡子类物种，因为它们是主要蛋白质的来源，能够吸引各种动物的到来。母亲树是地球上每个森林所共有的特征。

当然，母亲树也曾经撑起了爱尔兰的古老森林。德鲁伊对它们了如指掌。当娜莉对着利辛斯那棵孤独的白蜡树说话时，她是以母亲的身份与另一个母亲在交谈，这种理解方式中的一些痕迹传递到了我这里。我在科学职业生涯中获得的许多知识在利辛斯早已存在，以各种各样的方式存在着，但在爱尔兰却没有树木来帮助深化对这种知识的真正理解。来到北美后，我看到了那些大树，让我能够将所学的知识与实际相结合，这于我而言是一个巨大的恩赐。

母亲树的基因信息和传递也许可以说是目前最重要的生命图书馆。在我们为千禧年计划寻找各种树木的过程中，我已经感受到了这一真理，但直到多年后回到爱尔兰时，我才真正明白了这一真理所在。

我当时正在克莱尔郡[①]参观曾属于爱尔兰最后一位至尊高

① 克莱尔郡（County Clare），爱尔兰的一个郡，位于爱尔兰岛西岸。

王[1]的古老森林遗迹，那里只剩下了一棵树，布莱恩·博鲁橡树（Brian Boru oak）。这是一棵可能有一千五百年历史的夏栎（拉丁学名为 *Quercus robur*），在你走近它时，你能感到这棵树统治着周围整个景观。据说布莱恩·博鲁橡树曾经为高王麾下的一千名士兵和他们的一千匹战马提供庇荫。一千年后，我坐在它的下面，被这棵橡树的巨大体积所震撼。我毫无疑问地意识到，它是这个地区的母亲树。

曾经，爱尔兰到处是纵横交错的木材铺成的道路，根据对这些木材进行的树木学研究，我们了解到那些像布莱恩·博鲁这样的大树在岛上曾经很常见。然而，在砍伐的过程中，德鲁伊拥有的古老森林被消灭殆尽，这些大树都消失了，只剩下了那一棵树。跟随大树一起消失的，是成千上万年间生命发展的知识。比如，从一颗橡子开始，原始森林是如何建立起来的这样的知识。这或许正是我们需要的知识，可以用来拯救生命和我们的地球。

这个消失的自然图书馆在北美仍然有个对等的存在，那就是加拿大北部的北方针叶林。为了我们的子孙后代，用行动来保护这片森林，这很快成为了我生命中下一个重大使命。

---

① 原文是 the last High King of Ireland，爱尔兰最后一位高王布莱恩•博鲁（Brian Boru），1014 年在与丹麦人的决战中被杀，但是这场战争让爱尔兰摆脱了丹麦人的奴役。

第十四章

心灵的慈善

2003 年，在《美洲植物王国》出版后，我受邀前往安大略省桑德贝市（Thunder Bay）的雷克海德大学（Lakehead University），在一个由政府资助举办的关于原住民林业和森林其他用途的会议上做主旨演讲。邀请方最初告诉我他们组织这个会议的想法，是要强调森林除了可以提供一堆堆长宽一致的木材外，还可以给人类带来更多的东西。参加会议的有来自加拿大北部地区的原住民代表和一些学者，还有很多大型木材公司的代表以及一些如绿色和平组织、塞拉俱乐部（Sierra Club）[①] 等组织的成员。显然，不同的人代表着不同的团体和意愿，但总体目标是明确的：要找到更新的或此前较少探索过的方式从森林中获利。

森林是一个神圣的地方，对此，我深信不疑，且有亲身体验

① 塞拉俱乐部（Sierra Club），或译作山峦俱乐部、山峦协会等，是美国历史最悠久、规模最大的民间草根环境组织。

的证据。我认为每个以开放的心态踏入森林的人也会有同样的感受。但是，知道森林是一个神圣的地方并不意味着我完全排斥人们从森林中获益，甚至是在经济上有所收益。我们都需要木材，我们用的纸张、建造的房屋，还有日常生活都需要木材。森林蕴含的药物是大自然给予我们的第二宝贵的礼物，第一宝贵的是森林提供的氧气。我们无需害怕使用这份恩赐，但我们确实需要对森林有足够的了解，以尊重它所创造的奇迹。

演讲前几个小时，我与一位来自雷尼河第一民族（Rainy River First Nations）的原住民女治疗师[①]一起喝了咖啡。她向我讲述了她的故事。十七岁时，她生下了她的第一个也是唯一一个孩子后，被强制绝育[②]。她凝视着眼前已经冷掉的咖啡，杯面上形成了一圈咖啡薄衣。泪水从她疲惫的脸上流淌下来，聚集在她的嘴唇和下巴上，然而她似乎没有察觉。她受到了巨大的创伤，回忆过去发生的这些事仿佛将她冻僵在那儿，她无力去擦拭泪水。她面对创伤的勇气给了我力量。加拿大的原住民，特别是生活在北部地区的原住民，失去了太多。

我登上了讲台，下面坐着一大群听众。刚才与我交谈的那位女治疗师的形象在我脑海中挥之不去，所以在向学术界、木材业大佬和环保人士致意前，我首先向原住民代表们致意。我这样开

① 原住民女治疗师（medicine woman），指北美原住民中使用传统方法治疗和预防疾病并促进整体健康的人。她们通常是社区中受人尊敬的领袖，并且在传承传统知识方面发挥着重要作用。

② 强制绝育（forced sterilization），指 20 世纪 30 到 70 年代，加拿大政府通过《优生学法》等法律对被认为“不适合”生育的人进行绝育。该法也被用来对原住民进行绝育，并在医院和其他医疗机构广泛实施，其目的在于将原住民同化到白人社会中，消除原住民文化。原住民妇女经常在不同意或未知情的情况下被绝育，这给原住民社区带来了严重后果。1972 年，加拿大最高法院裁定强制绝育违宪。

始说道："传说中的维纳波若[1]向北美土著民族赠送了两棵神圣的树，它们就是白桦树和雪松。在6月或7月初，人们会从活着的白桦树上采集大片树皮。树皮会被从树上剥离下来，并被收集和储存起来。人们用树皮制作像杯子和水壶这样的日常用品。或者经过加热和拉伸后，也可以制作成菜盘子、盒子、棺材、棚屋、储物篮子、烹饪器具、漏斗和锥形容器、装肉的袋子、风扇、火炬、蜡烛和火绒、玩偶、雪橇以及你们著名的白桦树皮独木舟。曾几何时，你们的文化回响在世界各地。"

我接着讲述了白桦树的药物作用，包括它在手术和接骨中的应用，比如用白桦木加固的仿制肢体支架和用椴木绳制作的稳定器。当我演讲时，我的话语被同声传译成多达数百种北方各族语言。独特的原住民词汇的声音像瀑布般倾泻而下。大厅后排的来自各个原住民部落的男女治疗师坐直了身子，木材公司的大佬们也洗耳恭听。我最后说道："来自北方的女士们和先生们，请记住维纳波若。这是你们的文化。"

我离开讲台，听众热烈鼓掌。我走到大厅后方，那里的原住民治疗师们为我留了一个座位。会议很快要结束了，只剩下一个联合国代表的简短发言。我坐在来自哈德逊湾的一位男治疗师旁边，他身材高大，体壮如熊。我们等待着那位来自联合国的外交官。

代表联合国的这位发言人走上讲台开始讲话。我得承认，在听他讲话时，我更关注的是观察周围的人，而不是他讲的内容，直到他以一以贯之的官僚调子宣布的一句话引起了我的注意。

① 维纳波若（Winabojo）是北美土著人的一个传说。神奇男孩维纳波若用雷鸟的羽毛做弓箭，试图捕猎那条最大的鱼。但他从雷鸟宝宝身上取下羽毛后，被雷鸟追杀。在逃命过程中，他躲在白桦树的空心树干里，保住了性命。白桦树从此成为了保护神。

我用胳膊肘戳了一下来自哈德逊湾的那个巨人，问道："我没听错吧？他说他们计划要砍掉 50% 的北方针叶林？"

我的同伴点点头，蹦出一个字"是"，黯然地确认我没听错。

我刚刚发表了关于森林药物作用的演讲，说明不砍伐树木可以获得更丰厚的利益，然而这个家伙却在谈论要砍掉 50% 的北方针叶林。北方针叶林的面积如同亚马孙森林一样大，是一片需要三万年才能发展成今天这个独特样子的、无法替代的森林，它维系着海洋中温暖和寒冷水流的传送带。全球的季节性气候模式全有赖于这种水流的运动。他所描述的计划在我看来就是种族灭绝行动。我想，见鬼去吧。我要到讲台上去。

我走回到大厅前面，走上讲台，从联合国代表手中抢过麦克风。"你们这样做等于是种族灭绝。"我面向观众，告诉他们，"你们这里的每个人都来自北方。这个计划将严重威胁你们的生存，并置你们于死地。这也是对所有迁徙动物鸟类、鱼类和海洋哺乳动物的屠杀。北方针叶林系统就像是一匹吃苦耐劳、不知疲倦推动世界运转的骡子。它是不可替代的。开发北方针叶林将暴露河流和湖泊中以及覆盖在永久冻土带下层的酚类化合物。在河流、湖泊以及沼泽地中，植物残骸这类有机物在水压作用下会降解，因而产生酚类——它们被埋葬在水底，必须持续被埋住；否则，大气中将充满有机物降解产生的二氧化碳和甲烷。"

我接着说，北方地区的人民是地球真正的管家。他们这样做让我们所有人获益，因此，他们应该为此得到报酬。我还建议世界银行介入，提供一笔贷款支持这个想法。如果北方针叶林系统保持完整，它将为地球提供战胜气候变化的机会。

我如此愤怒，以至于讲话的时候全然没有注意到，来自整个北美的原住民治疗师们已经走上讲台，无声地在我后面围成了一个很大的半圆形阵列。当我讲完话时，一位女治疗师走过来，从我手中接过麦克风，说道："黛安娜说出了我们想说的话。"

她说完后，大厅里一片寂静，就好像每个在场的人都停止了呼吸。组织者们对我非常愤怒，我能从他们的脸上看出他们的怒火。我将在那场演讲中燃起的火焰带回了家。一下飞机，我就对克里斯蒂安说："见鬼，我们要再写一本书。准备好你的相机，我们要去北方针叶林带。"

后来，当会议记录被出版时，唯独删掉了我的演讲，要知道那是大会的主题演讲。我讲话的痕迹被抹去了，但那些在场的原住民们至今还记得我的演讲。

那次发生在安大略北部的林业会议并不是我奉行行动主义的原始导火索。从我童年时在利辛斯开始，我就被教导要自由地分享我所能分享的一切，尤其是我的知识，并且时刻寻找能够改善周围世界的方式。我从来没有足够多的钱参与像玛利亚这样的富人喜欢做的慈善活动；相反，我通过一种我称之为"心灵的慈善"的方式回报社会，利用我的科学知识和尽我所能的力量来倡导推动任何一个值得追求的事业，并传播我对自己最关切的一些问题的认知。

在 20 世纪 90 年代初，我繁殖并销售波斯尼亚的植物"银莲花"（又名圣诞玫瑰，hellebores），以筹集资金帮助受前南斯拉夫战争影响的妇女。这个活动为无国界医生组织①提供了一万五千次手术、无数绷带和心电图仪器，并在图兹拉市②建立

① 无国界医生组织（Médecins Sans Frontières），一个独立的、致力于人道救援的国际非政府组织，成立于 1971 年。
② 图兹拉市（Tuzla），波黑联邦图兹拉州的首府。

了一个庇护所。在此之前，我曾在梅里克维尔公园[1]的委员会任职，努力争取立法，在农田周围修建道路不得使用化学物质，以便为蜜蜂等传粉动物提供一片无污染的领地。我和克里斯蒂安还曾为修订爱德华王子岛的环境保护法而斗争，在这个法律中新增一个章节，以加强对河岸区域的保护，为那些濒危物种，比如长嘴杓鹬（*Numenius americanus*）等提供一个安全的栖息地。我曾与联邦卫生部长就基因编辑存在的潜在的，也是尚未经过测试的健康威胁进行了两年的交流。千禧年计划也是一项基于行动主义观的行动。我曾经为安大略省的很多学校、图书馆和教堂奔走呼吁，并且在过去四十多年来，在任何一个园艺学会上发表演讲时，我都会带着该地区濒危树木和植物的名单，将这些信息传递给观众，并告诉他们："你们有责任保护这些树木。"

尽管对我来说，让世界变得更美好的各种努力尝试并不陌生，但那次林业会议以一种新的方式让我对自己的思想和行动有了更清晰的认识。它向我警示了地球上最重要的自然奇观之一所面临的严重威胁，从而扩大了我的视野，让我第一次意识到我可以承担比我想象中更大的挑战。事实上，我需要接受这些挑战。在接下来的几年里，我和克里斯蒂安致力于撰写新书，旨在提高对北方针叶林的认识。

直到 2010 年，我们出版了关于北方森林的书《北方植物王国：地球的命脉》（*Arboretum Borealis: A Lifeline of the Planet*）以及我的一本散文集《全球森林》（*The Global Forest*）时，我仍然在为之奋斗，努力让人们认识到这个环绕着地球的森林系统是多么重要。那本散文集引起了加拿大广播公司电台节目《当

① 梅里克维尔公园（Merrickville Park），位于加拿大安大略省。

下》（*The Current*）的注意，主持人安娜·玛丽亚·特蒙蒂（Anna Maria Tremonti）对我进行了专访。电影制片人对我的工作一直很感兴趣，但我总是拒绝他们的各种提议。那天，来自温尼伯的纪录片制片人杰夫·麦凯（Jeff McKay）在收音机上听到了我的讲话，他特意停下车来收听。然后他开车去了他位于普林塞斯街的工作室，与他的团队说要联系我，谈谈有没有可能基于我所做的工作制作一部关于森林的电影。在我看来，他这个人散发出一股野性的味道，完全不像其他接近我的电影制片人。我想，我遇到了一个愿意跨越界限与我共同努力的人。他是加拿大人，我们所拍摄的任何电影都会在这里播放，这一点对我而言很重要。最后，我写了这部电影的导演脚本，这部电影就是《森林的呼唤：树木被遗忘的智慧》。我们在全球各地进行了拍摄，整个过程持续了五年。我还花了一年的时间建起了与电影配套的树木种植应用程序 calloftheforest.ca/plant-a-tree，该应用程序将植物物种与人们所居住的地区对应起来，并提供有关树木药用的信息。

在电影拍摄的早期阶段，一位名叫亚历山德拉·保罗（Alexandra Paul）的记者为《温尼伯自由新闻报》（*Winnipeg Free Press*）写了一篇关于我的文章。亚历山德拉与环境活动家索菲亚·拉布里奥斯卡斯（Sophia Rabliauskas）是朋友，索菲亚是波普拉河第一民族（Poplar River First Nation）原住民的领袖，在大约十年前，她为温尼伯湖东侧的两百万英亩的原始北方森林争取到了保护区的地位。亚历山德拉告诉我，索菲亚将在接下来的几周里到我家附近访友，希望能到我家喝茶聊天。我答应了。在那个月的后半旬，气温达到零下三十五度的天气中，索菲亚和几个朋友来到我家。我们聊了五个多小时。

那天，索菲亚告诉我关于皮马乔温·阿基[1]的事情，这是位于曼尼托巴省和安大略省边界的一个庞大的原始北方森林区。她说，这个名字在奥吉布瓦族[2]语中的意思是“赐予生命的土地”；很明显，他们是与我有共同语言的人。波普拉河第一民族原住民在几千年的时间里——在他们有记载以来的整个历史里——一直守护着那片森林。自从他们为这两百万英亩土地争取到保护区地位以后，他们一直在为将整个皮马乔温·阿基列为联合国教科文组织世界遗产进行斗争。他们已经向巴黎的联合国教科文组织办公室递交了申请，正在等待回复。我之前从未听说过这个地区或者他们做的事情，我告诉索菲亚我会尽我所能提供帮助。我说，如果我能亲自去那里，亲眼看看这片森林，我可以撰写一篇论述其价值的科学论文，支持他们的事业。

我们告别时，心情很愉快。他们在严肃认真、全力以赴地做出努力，我相信他们。所以当亚历山德拉后来告诉我那个联合国教科文组织的申请被拒绝时，我感到很是震惊。不过，回想起来，我不应该如此震惊。他们向其递交申请的这个办公室正是受那个机构的管辖——那个机构的某个代表在几年前曾提出要砍伐掉一半的北方森林而让我非常愤怒。再者，人类对自然的漠视早已不再是什么令人惊讶的事情了。

然而，我知道他们没有被击败，现在正是进行这场特殊的斗争——为自然而战——的绝佳时机。是的，我们从来没有像现在这样离气候灾难如此之近。是的，地球上仍有许多人对此事漠不

① 皮马乔温 • 阿基（Pimachiowin Aki），加拿大的一个地区，位于曼尼托巴省东部和安大略省西北部的北方森林中。
② 奥吉布瓦族（Objibwe），北美的原住民之一。

关心，甚至在这个事实面前睁眼说瞎话，而且他们通常是受到既得利益者的鼓动。但我们也很幸运，生活在一个比以往任何时候都有更多的人在关心自然世界，理解森林是一个古老而神圣的地方,并希望采取行动阻止我们自杀式的追求利润和“进步”的时代。

我非常幸运，生逢其时，尚能够赶得上接受凯尔特教育。但在我从学校毕业和前往北美之间的这些年里，我看着我的老师们一个个离世，那个传统火种的余烬逐渐暗淡，最终只剩下我一个人与它们相伴。我将那种自然拥有灵性的观念带入了学术界，但却发现那里不欢迎这种立场；有人告诉我“科学和神灵是不相融的”。在学术界里，人们期待一个科学家应该清楚地知道不能相信原住民森林文化的知识。这些态度以及其他一些东西让我离开了科学和教育机构，辗转于边缘地带很多年，最后才找到了一个重要的受众群体，我可以与他们分享我所学到的知识、我一直知道的东西和我要说的话。不过，如今我知道，对森林的精神价值和科学价值的信仰不必被局限在我们文化的边缘。它可以成为一种大规模的运动；兴趣就在那里，人们已经准备好了——年轻人害怕森林消失，孩子们也对此感到焦虑。现在开始行动还不算太晚。对于所有这些，我们应该深表感激。

我们与索菲亚商定在皮马乔温·阿基为《森林的呼唤》进行一些场景拍摄。我与我们的摄制组飞往温尼伯，然后向北前往与该城同名的湖岸。在这里，我们必须从西岸穿过湖面到达东岸布拉德温河[1]口附近的一个地点登陆。

温尼伯湖很浅，所以风吹过会掀起很高的浪花。只有在条件

① 布拉德温河（Bloodvein River），位于加拿大，从安大略省西北部从西流过加拿大北方森林。

适宜的情况下才能安全地渡过去。布拉德温河第一民族原住民首领威廉·扬（William Young）用一艘大船接我们。我们登上船时，我注意到有金雕在上方盘旋。在我们穿过湖面的时候，它们排成队列跟随着我们，有些在我们右边，有些在我们左边。从下面往上看，这些鸟看起来非常巨大。

我们到达了他们安排我们逗留居住的小木屋，并卸下我们的装备。这个小木屋位于河流和湖泊的交汇处。布拉德温河的水清澈、纯净而美丽，可以直接安全饮用。很遗憾这样的水源已经很少了，所以关于这一点我必须指出来。秃鹰加入金雕的行列，一起在我们头顶盘旋和俯冲。它们偶尔会俯冲下来抓它们想要的东西。河里到处都是鱼、海狸和水獭，我们在拍摄时，它们的幼仔在我的脚边玩耍。空气纯净清新、野性弥漫，当你呼吸时，感觉就像舌尖上的那一抹香槟气泡一样令人愉悦。

河流两岸都是原始北方森林，五千年来一直受到原住民民族的保护，未受过干扰。它是地球上最纯正的原始北方森林，其生物多样性令人难以置信。厚厚的地衣覆盖着森林地面，可能足有一英尺厚，当你走在上面时会发出嘎吱的声音。树木年份很古老，地衣爬上树干，将森林净化大气的化学能力增强一倍。猫头鹰数量众多，这个地方到处都能听到大型动物的声音，甚至可能还有熊。

那天晚上我无法入睡。我的确很兴奋，但不是因为过于兴奋无法入眠，而是因为我感觉到小屋里有一种无形的存在。当我看到钟表显示已经是早上六点时，觉得再躺在床上也没有意义了。我决定起床，走到河边看晨雾从河流上蒸腾升起。

我穿好衣服走了出去。太阳已经升起，但只是刚刚露了个脸。不一会儿一大群鸟飞来遮住了天空，天变得漆黑。它们振翅的声音就像一千根编织用的棒针在互相撞击。它们像一片滚动的云朵降落在我面前的湿地上。当它们降落时，我发现它们是红翅黑鸟。它们如此密集地聚集在一个区域，我知道那是因为它们一定在找东西吃。我走到水边，以便能更好地观察到它们吃的是什么植物，我发现那是一片野生稻。“它们在吃野生稻！”我喊道，希望有人能够醒来和我一起目睹这一幕。“它们在吃野生稻！”我冲回小屋找音响师诺曼·杜加斯，让他录下这些鸟的声音用于他的三维立体音响项目。他花了半个小时才醒过来，带着他的设备来到小码头。此时已经有一半的鸟飞走了。码头边有独木舟，我让他带我去到鸟群降落的地方。我想要得到一个完整的野生稻标本用来解剖。我的船长用独木舟的桨刨出一株植物，回程的路上我伸直双臂抱着它以确保安全。我想在小屋里对这株植物进行全面的植物解剖，用照片和笔记记录下来。

它确实是禾本属（*Zizania*）的野生稻，北美洲没有其他类似的植物。它有七英尺高，但它不是湿地中最高的植物。我知道它有一个关节头，能够跟随着太阳的升起降落而旋转。它是该地区原住民族五千年来的食物作物，从未被杂交。它非常珍贵。我将其鉴定为野生稻的一个变种，名为狭叶水稻（*Zizania aquatica var. angustifolia*）。在科学发现的意义上，这是一个真正的发现。

我利用这个物种的存在为该地区的重要性进行了论证与呼吁。我说这是一个自然宝藏，是奥吉布瓦人文化活生生的纪念碑，他们已经保护了它数千年。我还详细描述了皮马乔温·阿基森林的重要性。关于北方原始森林的生长和更新换代的模式还没有进行过全面科学的研究。例如，我在这里所见到的黏菌和地衣共生共长的形态还没有被记录下来过。黏菌是一种原始物种，有很重要的药物作用，它们就像是会使用如同计算机程序的调用命令，或者像叶子上的气孔的开合，又或者像 T 细胞对免疫系统化学信号做出反应一样。黏菌的开合是源于对化学物质做出的反应，与计算机键盘上通过机械按压给出指令不同。黏菌会通过某种未知的方式形成并发生整体移动，以应对即将到来的寒冷冬季并存活下来。这种整体移动对科学界来说仍然是一个谜。

我的呼吁与索菲亚以及布拉德温河和波普拉河第一民族原住民的努力相结合，助了他们一臂之力。2018 年 8 月，皮马乔温·阿基被列为联合国教科文组织世界遗产，成为地球上为数不多的世界文化与自然双重遗产地区之一。索菲亚的努力最终使这片无比美丽的北方原始森林获得了保护地位，面积达到一万一千平方英里，近似丹麦国土大小。皮马乔温·阿基成为了迄今为止面积最大的受保护土地。

必须要站起来，采取行动——我们所有人都应该这样做。你必须朝着看似无法实现的目标迈出第一步，坚守自己的正直和勇气，相信有一天你会达到目标。我们每个人都拥有巨大的勇气。我们每个人都有能力做出非凡的事情。只要我们相信自己并不断朝着不可能迈进时，一切皆有可能——皮马乔温·阿基就是鲜活的明证。

阻止气候变化，就这件事本身而言，仿佛是不可能的事情。最新的科学研究告诉我们，从 2019 年起我们只有十年的时间来阻止全球气温上升。如果我们再拖延下去，就为时已晚。自然界的不稳定将导致人类社会的混乱，我们也将浪费掉树木给予我们的巨大恩赐。但是，我的生活和工作经历告诉我，没有任何事情会像表面看起来那样的可怕或者不可逾越，自然界的再生和修复能力远远超出我们所能理解的范围。

在本书的文字中，我为我们每个人提出了一项计划，为了拯救全球森林、拯救地球和我们自己而进行斗争。这不是一个复杂的计划，只需要首先保护我们现有的资源，并在接下来的六年中每人每年种植一棵本土的树木，就这么简单！我们可以实现这个目标，我们必须这样做，不仅仅是为了我们自己，也是为了我们的子孙后代，我一生都在为着他们付出努力。当我们实现这个目标时，回报将远远超出一个健康、稳定的气候带来的安全感。

我们都知道自然界奇妙无比。当你走进一片森林，无论其面积大小，你进入时是一种状态，离开时则会变得更加平静。你会有一种进入了一座大教堂的感觉，从此再也不是从前的自己。你从森林里出来，会感知自己身上发生了一些重大的变化。科学让我们能够解释这种奇妙体验的一部分。我们现在知道，森林释放的 α- 和 β- 萜烯实际上确实可以提振你的情绪，通过免疫系统影响你的大脑。树木释放到空气中的萜烯被你的身体吸收。它让你收紧身心，让你对所见的事物充满敬畏之情。但凡你能步入一片森林，那就是给你的身、心、灵放一个假，让你的想象力和创造力得以绽放。我认为这是一种奇迹，而世界上还有太多自然界的奇迹等待我们去发现。

我们将感受到这些奇迹带来的喜悦。我们将拯救森林和地球。树木正在告诉我们如何做到这一点，我们只需倾听，并且铭记在心。

第二部分

凯尔特树木字母表

在这本书里，我还准备了一份礼物要送给你们，那就是我对欧甘文字的注释，它来自我经历过的布列汉监护生活和我的科学研究生涯。欧甘文是欧洲的第一个字母表，其中每个字母都以一棵树或树木的重要伴生植物的名字命名。根据古代凯尔特人的说法，宇宙之歌将这个文字口授给了一个叫欧格马的年轻人。这是凯尔特人，尤其是爱尔兰人林地文化的瑰宝。著名的《凯尔经》[①]的诞生就是因为欧甘文字。这个字母表孕育了爱尔兰人的文字，像“car”（汽车）和“hospital”（医院）这些今天仍然常见的词语就源自这种古老的语言。然而，关于欧甘文字真正值得注意的是，它背后的哲学传递着一种对森林重生的思考方式，即思考森林与人类之间的联系有多么密切。

在开始讲字母表之前，我想请你为我做一个简单的试验。在度过了一个阴沉昏暗的冬日，或者一段阴雨连绵的日子后，请你走到阳光下。站立起来，张开双臂，掌心朝上。抬头迎向阳光，让阳光照耀在你的脸上、手上和整个身上。感受阳光洒在皮肤的表面上。通过做这个动作，你正在变得像一棵树。你的行为就像

① 《凯尔经》（Book of Kells），一部有着华丽彩饰的《圣经福音书》手抄本，在公元 800 年前后由凯尔特僧侣绘制，每篇短文的开头都有一幅插图，总共有两千幅。

是一棵树，你就像树冠上的叶子一样，向着阳光张开双臂。

在我还年少时，在利辛斯，我被要求成为阳光下的一棵树。你的皮肤所感受到的是太阳的短波长能量在翩翩起舞。这种舞蹈在凯尔特人的古老世界中有一个名字，叫作“宇宙之歌”(*Ceolta na Cruinne*）。它是真实存在的。你可以亲身感受到。这是古代凯尔特人在年轻的欧格马创造字母表之前就听到的歌曲，而这个字母表将歌曲和传说、医学和信仰、人类和森林紧密地联系在一起。

A

艾尔姆（*Ailm*）
松树（PINE）

凯尔特世界的河流两岸生长着巨大的松树。这些针叶树的金色树皮与落日余晖的色调相得益彰；它们那厚重的鲜绿色松针挺拔地伸向天空，似要去摘取天空中的朵朵白云。随着时间流逝，松针轻轻地飘落到地上，它们腐烂后产生的苦酸被土壤吸收。

这些松树的周围曾有着较小的伴生植物，现在已经很少见了。它们是一种带有褐色树皮的落叶树，被称为草莓树（*Arbutus unedo*），它们依偎在松树的阴影下。这两种树木常常在海岸线上共生，它们的落叶融入腐殖质土壤。到秋季，草莓树开出一串串铃铛状奶油色花朵，果实成熟后为表面多疙瘩的橙红色浆果。它们是德鲁伊医师首选的荒原水果，也为阿拉伯人和希腊人所熟知。

苏格兰松，拉丁学名为*Pinus sylvestris*（欧洲赤松），其木质柔软，具有抗菌防腐作用，是凯尔特人厨房里的宠儿。有了它的保护，黄油和牛奶便可以长时间存放而安全无忧，因为它能防止食物腐败变质。用苏格兰松木制作的家居用品重量轻，对于腕力较弱的人来说总是特别受欢迎。这种松木容易清洁，而且气味始终清新。家里的女主人（*bean an tí*[①]）给这种木材起了个名字叫“岱里”（*déil*[②]）。它也是制作陶钧[③]的材料。

在凯尔特人的口述历史中，他们的松树在基督教诞生之前数千年就已经有了名字。人们在海岸线、湖泊和河流旁边种植了松树林，作为导航的醒目标志。凯尔特人的交通要道是水路，人们划着木制小船（*curacha*）或更大的船只（*báid*）[④]，轻轻松松毫不费力地从一个地方划向另一个地方。那新鲜的、散发着芳香的一簇簇松针总是在等待着他们，无论是在语言中还是在记忆里。

当记忆融入语言中时，凯尔特人迎来了一个新的概念——书写艺术。把书写作为一种交流方法的想法一直在他们脑中盘旋，就像从印度传来的梵文那样。书写是凯尔特人非凡的口述传统文化发展的下一个步骤。书写的文字为变革和演化提供了一个平台。自己也有可能创造一种书写文字，这种想法就像一阵倾盆大雨浸透了凯尔特人的心灵，沁入到干燥的爱尔兰诗歌土壤里，于是草叶开始萌芽。

传说，当一个叫欧格马的年轻人创造了欧甘文字时，他是接受了大自然传来的召唤，因为所有的想象力，甚至是科学想象力，都源自大自然。年轻的欧格马环顾四周，他的目光落在德鲁伊们神圣的生命形态上——古老的森林。

---

① bean an tí，爱尔兰语，意为家中女主人。bean 相当于英语的 woman 或 female，an 类似于引文中的 the，tí 意为 house 或 home。
② déil，古爱尔兰语，指用处繁多的一块直木。
③ 陶钧（potter's wheel），指制造陶器时用的转轮，分快轮和慢轮。
④ curacha，爱尔兰语，指带有木框架的小船，上面曾经铺有兽皮。báid，爱尔兰语，指可以扬帆的大船。

就这样，源自森林的字母表诞生了。这种新的书写方式蕴含了有关森林的哲学以及与之相伴的数千年口述文化。一种文字并不是一件微不足道的东西，它是承载着思想的圣殿。它源于古老的文化，同时又是对这种文化的更新。借助它，凯尔特人创造了西方世界第二古老的书面语言。

最初，欧甘文字是书写在春季采集的白杨和榛树的长条形外皮上的。春天采集的这种树皮充满了汁液，自然卷曲向内，湿润而黏滑，富含蛋白质细胞，类似于颜料中牛奶蛋白载体的酪蛋白。这种树皮表面可以书写，并且只要树皮保持干燥和完好，它就能完美地保留书写内容。

书写的第二个时代是在巨大的长方形石块上刻写。这些石块被放置在乡村里，像是被作为纪念碑，或许这本就是它们的功能。当我还是一个孩子时，在爱尔兰，这些石头也被用作连接大山和山丘间的古老小径的标志。从历史中存活下来的爱尔兰农耕社区完全意识到了这些欧甘石与其过往历史的重要性。它们代表着共同的遗产，很久以来一直没有受到过任何干扰。那些安置着石头的土地只用于放牧绵羊或牛群。

这些石头的表面刻上了欧甘文字，用的是铁和青铜工具。金属工艺是凯尔特人的专长，他们也热衷于做设计。经过数千年的风化，这些文字仍然可以通过触摸和手指描画来阅读。

苏格兰松对凯尔特人来说极为重要。欧格马本人一定是将其命名为艾尔姆（*Ailm*①），这样它就在他的神圣树木字母表中成为字母 A。在欧甘文字母表中，它以一个简单的十字形表示，一

① Ailm，有学者认为此词含有力量、韧性之意，同时也表明字母表的第一个字母 A 的发音。

条垂直线与一条水平线相交。爱尔兰语中的字母 A 有两种发音，一种是短音，另一种是通过一个被称为“fada”的重音延长的音。它是一个对于诗人和吟诵者来说很有用的音。

苏格兰松的药用价值已经失传了，现在传承给我们的是被精心保护的历史记忆。我们知道德鲁伊医师们认为常绿松树对健康至关重要。他们开出的药方包括在松树林中散步，以帮助呼吸顺畅，并清除肺部的感冒和流感毒素。他们对于感染这种疾病的人给出的第一个建议是用牛奶煮洋葱吃下去，最好是野生的洋葱，然后用亚麻布包裹身体二十四小时来发汗。当患者恢复体力后，他们被要求在松树林中散步。最近，临床医学对森林浴的效果进行了测试，并通过患者试验证实了其益处。

松树的冠层由针状叶子组成，当温度升高时，它们会产生一种名为蒎烯（pinene）的大气气溶胶生物化学复合物。当它们悬浮在空气中时，蒎烯分子会呈现左旋光性。（左旋光性就像只能向左飞的风筝。）这种分子形式容易被皮肤和肺部表面吸收，最近还被证实能够增强人体免疫系统。在森林中散步二十分钟带来的益处将在免疫系统的记忆中保持约三十天。

B

贝思（*Beith*）
白桦树（BIRCH）

当我还是爱尔兰的一名年轻学生时，我曾经走过高高的山路，然后往下到达班特里湾。我的目的是漫游基拉尼湖并探察那里的春天景象。我带着放大镜、收集袋、一个火腿三明治和一个装满茶水的保温瓶。一个狭小但舒适的绿色山谷引起了我的注意。在那里，一棵巨大的苏格兰松树斜长着，靠近一片美丽的闪耀着光亮的白桦树林，渴望着阳光。那些树木中的某样东西召唤着我前往。

冒着被黑莓刺扎的危险，我翻越篱笆，用我的保温瓶挡在前面。鸟儿飞了起来，我朝着一块巨石冲过去，苏格兰松树醉醺醺似的斜靠着这块巨石。当我到达像桌子一样的巨石边，正准备放下我的保温瓶时，我注意到了石头上绿色的桌布。我惊讶地盯着它看。原来，我发现了云蕨（*Hymenophyllum*），这在爱尔兰是第一次。

如桌布般覆盖在巨石上的云蕨薄如细胞，除此之外，我还第一次见到了爱尔兰本土的白桦树。这些树木（*Betula pubescens*），也就是常见的白桦树，在五百年的流亡后，开始在一些奇特的地方重新出现。在凯尔特世界中，白桦树被称为“淑女树”，受到高度尊敬。它的树皮像闪亮的滑石粉一样呈现白色的角质层周皮。这种角质层在白天可以反射光线，但在月光下，月光本身就是折射光，白桦树则呈现出银白色的光芒。其古老的名字 *beith gheal*，即“闪耀的白桦树”，就是得名于这种月光的反射。这种反射的光亮，就像给它披上一件正装晚礼服，一直延伸到地面。

凯尔特妇女受到人们的尊敬。她们被爱（*grá*[①]）包围。在家庭中尤其如此。树木经常以女性的名字命名，一些地名、水井和节日也以女性命名，比如 8 月的妇女节（Lady's Day）。所有的凯尔特妇女都从这种尊重中受益，从女王(*Bean ríon*)到妾室(*bean luí*)一概如此。关于强悍的康诺特省[②]女海盗梅芙女王[③]的冒险经历的故事，无论对于女人还是男人来说，都永远不会被忽视或遗忘。这位备受称颂的美女从大西洋西海岸的边缘率领一支庞大的海军参加战斗。她的猎物还包括那些沉醉于她的性吸引力中的男士。在整个凯尔特世界中，梅芙女王的故事与荷马的《伊利亚特》展开竞争，直到今天依然如此。

淑女树——白桦树——在基督诞生之前就被命名为贝思（*beith*）。在凯尔特人的口头文化中，*beith* 是一个含有神圣意味的词，能够触发对生命意义的思考——是身、心、灵的三通纽带。*beith* 的意思是指存在于时间以外的神秘恒定物。有一句古老的凯尔特谚语与 *beith* 有关，而且在全世界每个主要的宗教

① grá，爱尔兰语，意同英语的 love（爱）。
② 康诺特省（Connacht），爱尔兰四个历史省份之一，位于爱尔兰岛西部。
③ 梅芙女王（Queen Medb），爱尔兰神话中西部地区康诺特省的女王和战神。

中都有相似的这类说法：“*An te a bhí agus ata*”，或“一朝曾是，永远都是”。这是人类诞生之时注入的神性的种子。爱尔兰的白桦树蕴含着这份天赐礼物的记忆。

在自然界的核心，一直存在着关于生命和生命的意义这一永恒问题。那些 *ollúna*——即来自德鲁伊精英教育阶层的男女学者们——认真地对待这些问题。生命的哲学在一代又一代被指定的家族中传承下来。这些词汇被翻来覆去地使用，它们的含义经历了改变，甚至化成了谜语。吟游诗人将词汇的精华提炼成诗歌和歌曲，就像把牛奶提炼成奶油。塔拉（Tara①）王室将它们固定成押韵的诗句，就如同把奶油凝固成黄油，从而让它们经受时间的考验。

凯尔特人将欧甘文字母表中的字母 B 赋予他们的白桦树。这个字母从一条垂直线开始。从这条线的中心，再画一条短的直角线向右延伸。

北方的所有航海民族都广泛使用白桦树，制造从北美的白桦树皮独木舟到凯尔特人的木制小船。

德鲁伊医师，无论男性还是女性，都了解桦树的药用价值。将煮沸的井水倒在成熟叶子上制成的花草茶是治疗尿路感染的古老疗法。这种温和利尿的茶被认为无论对男性还是女性的细腻的尿路组织都有轻微的抗菌作用。居住在北极圈以下北方森林带的原住民至今仍然在使用这种草药茶。

白桦树最令人惊叹的药用价值还有待于在现代被发现。这种曾经属于普通大众的树现在掌握在跨国公司的手中。桦木中的精

① Tara，指塔拉山，古代爱尔兰国王加冕之地。见第三章注释。

华[1]已经通过蒸馏成为一粒小白色药丸，这就是“阿司匹林”。每天都有多达一千四百万颗阿司匹林通过药店柜台销售出去。这种药丸可用于镇痛、解热和消炎。它还被发现是一种抗凝血剂，有助于促进血液的循环。

但是，白桦树中还有更多的生物化学药物有待发现，其中之一更是当今的一大惊喜。桦树在黑夜中能产生一种调节性植化素。这个珍宝——白桦脂酸——起到一种生长调节剂的作用。它能够诱导人体黑色素瘤细胞自杀。也就是说，这是一种抗癌药物，它能够让树木处于等待状态，控制其生长，直到阳光或月光照耀的条件得到改善。

白桦树还含有一种奇特的小糖叫作木糖醇，它能抑制导致蛀牙的细菌。这种细菌也会导致幼儿的耳部感染。现在木糖醇被添加到口香糖中，以促进牙齿健康。

在基拉尼——我祖先的土地上，我的常绿宝藏仍然在继续生长。我愿意打赌，下次我访问这个山谷时，仍会有一些未被发现的宝石在那里等待着我。大自然充满了太多的惊喜。

① 原文是 the pearl of wintergreen（冬青中的精华），从冬青中提炼出的精华成分也可以从桦树中提炼出，它们都是构成阿司匹林药片的成分之一，考虑到语境的一致，这里直接翻译成“桦木中的精华”。

C

考尔（*Coll*）
榛树（HAZEL）

在凯里郡的肯梅尔镇[①]附近，奥沙利文（O’Sullivan）家族的古堡阿德亚（Ardea）伫立在悬崖上。奥沙利文家族从前是海盗，以他们的海盗国王苏伊尔·阿姆哈因（*Súil Amháin*，意为“独眼”）的名字命名。这座城堡坐落在如兔子窝一般交错相连的隐蔽卧室上面，有些卧室之间的通道延伸超过一英里。我还年轻的时候，听到有传言说在那里某处可以找到西班牙金条。奥沙利文家族的最后一位成员，我的表兄威廉，曾经认定这个宝藏归他所有。

威廉是一位 *collóir*，即水脉探测师，那个时候他刚刚得知自己对地下存在的金银的感应与对水的感应一样敏感。他来到了城堡，带着一大堆榛树木材，然后把它们切割成一系列够及其腰部那么高的许愿叉骨形状探测棒。我在现场亲眼目睹，当他走动

① 肯梅尔镇（Kenmare），爱尔兰凯里郡南部的一个小镇。

时，榛木做成的测水棒（爱尔兰语为 *slat choill*[1]）几乎扭成了一个结，他手上感受到的扭力太强了。那天结束时，威廉·奥沙利文明白了，在城堡下面只有一些小溪，根本没有黄金或白银。

榛树有着不寻常的历史。上一次冰河时期迫使大地安息下来，霜冻作用与冰川的冲刷相结合，使岩石表面大量丰富的营养素被释放出来。冰川消退后，土地焕然一新。矮生的榛树非常适合成为第一批森林植物。

科学家取了一些上一次冰河时期后的地球岩芯样本。这些样本中无处不带有来自榛树林的大量花粉，它们似乎漂浮在土壤表面上。关于花粉为什么会大量出现，部分原因可能是迫于气候变化，树木自身繁殖的需要，但其他一些原因尚不清楚。我们现在目睹到的榛树花粉释放就像上一次冰河时期结束时一样丰富。你自己可以试着想象一下会发生什么。

凯尔特人喜爱吃榛子。事实上，从爱尔兰穿越广阔的凯尔特文明地域，一直到土耳其，榛子都是凯尔特人餐桌上的最爱。在更远的地方，如中国和日本等地，人们也喜爱榛子。凯尔特农民采用了一种复杂的草料和榛子双层种植方法。榛树在一片草地中享有稳定的根系供养，而榛树的树篱则保护草料不被风吹倒。因此，两者相互促进，草料产量越高，榛子果仁越大。人们先割下草料，晾干并收好。紧接着，再采集成熟的榛子。

榛树与所有古老的文明一起同行。希腊人剥下榛树的鲜树皮用于书写。这个词在语言中被保留下来，今天使用的英语单词“protocol”（协议），来源于希腊语的 *protokollen*，意为记录

① slat choill，爱尔兰语榛木棒的意思，也被用来指代测水棒。这是一种用于尝试在地下找到水源的工具，传统上是用榛木制成的，因为据说榛木对水的存在很敏感。它也是爱尔兰文化中流行的象征，经常被用于艺术和文学中。

文书的第一张纸卷。

在钻机和配有冲击钻或金刚石钻头的钻探设备出现之前，人们只能依靠本能来寻找地下水。具备这种探测本能的个体对任何社区都具有巨大的价值。我在安大略省住处的那口井是当地的水脉探测者找到的，他也恰好是水井钻工。在估算了每分钟和每小时的最大流量后，他开始钻井，然后房子就建在井边。

这位加拿大水脉探测者与我的表兄威廉做的事情一模一样。他拿来一块当地的榛树木材，切削成一个许愿叉骨的形状，高度大约能够到他腰部。他牢牢抓住榛树叉骨的每个叉子，然后开始行走，将榛木棒的 V 字形指向地面。他在一块相当大面积的地上来回穿行，然后他感到了从榛木棒上传来的一阵扭动。受到这个信号的鼓舞，他顺着扭动的方向继续前行，直到榛木棒变得颤抖起来。然后他用大拇指往上推了推帽子，微笑着说："猜猜，我们找到水了！就在这里钻井。这是个好地方，非常好。"

榛树因其食用价值和神奇的探测（或占卜）水脉的效用，被列为圣树（*bile*）神殿中的一员。这棵树被加入到欧甘文字的字母表中，代表字母 C。这个 C 的书写形式是一条垂直线，从该线向右画出四条平行线。在古爱尔兰语的口语形式中，字母 C 被广泛使用。它可以通过在 C 上加一个点来改变其发音，变为更硬、更尖锐的音，类似俄语的发音，在诗歌和吟游诗人的吟诵节奏中起着强调的作用。

除了树木的药用价值之外，榛子的果仁一直被德鲁伊医师视为有益健康的食物。根据布列汉法，每个人都有权利采摘榛子，就像水和空气一样，这是全社会所有人——无论其地位高低——都可以平等分享的有益健康的共同财产。

从前，榛树的药用知识在世界范围内曾一度广为人知。在亚洲，较大型榛树（*Corylus colurna*）的成熟叶子被晾干制作成烟叶。北美土著民族使用他们的本土榛树，喙果榛（*Corylus cornuta*），作为婴儿出牙发烧时降温的药物。他们还将其添加进一种混合药物，用以治疗孤独症。

在最近几十年中，世界各地的榛树物种中出现了一种威力强大的药物——一种叫作紫杉醇（paclitaxel）的生化药物。这是一种抗增殖剂，可以阻止癌细胞生长，目前已经使用在癌症治疗中。

从爱尔兰到整个欧洲，再到中东、亚洲、北美洲，各地古代的医学实践都告诉了我们关于榛树的一些道理。它是生物多样性的精妙体现：如果没有榛树，我们就不会有这个用来对抗癌症的重要武器。

D

达尔（*Dair*）

橡树（OAK）

橡树是凯尔特世界的宠儿。正如我小时候发现的那样，爱尔兰的泥炭沼泽里偶尔会冒出一些被长期浸泡在泥水中的橡木块茎。裸露的橡树木纹因泥水中的酸性腐蚀变得更加暗沉，呈现出宝石般的质感。这种沉重的黑色泥炭橡木，承载着数个世纪的气息，可以在雕塑家的手中变成一件神奇的作品。

爱尔兰橡树的盖尔语（古代凯尔特语的一种）名字是 *dair*，与其希腊语和梵语的形式相关，在宗教迫害时期的禁令下成功地逃过了被删改的命运。橡树（拉丁学名 *Quercus robur*，又称夏栎）自身也勉强活了下来，不过只在盎格鲁 - 爱尔兰庄园里像标本树木一样零星可见。但盖尔语的很大一部分却没有那么幸运。在英格兰统治的五百年里，盖尔语，其坚硬的发音、严谨的语法规则和充满着傲娇与诗意的精致押韵体，都被置于刀剑之下。但英国人发现 *dair* 很容易发音，所以这个词幸存了下来。

爱尔兰橡树曾经是壮阔的树林，引人注目。它是德鲁伊医师们青睐的真正的草药（*lus*）或治疗植物。橡树可以存活将近一千年，在爱尔兰花园王国的肥沃土壤和温带雨林环境中，有时甚至可以活得更久。随着树木成熟，主干上会生长出横向的树枝，枝头上会有一簇簇的橡树叶，形成树冠。随着树龄增长，这些树枝也会增多。在古老森林中，橡树的树冠会互相争夺阳光，其结果是迫使树干做出决策，延展树枝并向下倾斜到土壤上以获得支撑，然后再次向上延伸到开阔的空间接受阳光。树枝触及土壤的地方，一系列根部会插入地下，作为树木生长的次级供养机制。

在一棵古老橡树的树枝上，周皮和皮层组织产生了腐叶细尘。细尘成为土壤。这些在横向树枝上的湿润土壤为一系列稀有的蕨类和苔藓物种提供了理想的生长条件。这也为鸣禽，一种槲寄生画眉的到来奠定了基础，它们带着粘在羽毛上的种子飞来。一种名为槲寄生（拉丁学名 *Viscum album*）的寄生植物也由此在这里站稳了脚跟。这就是德鲁伊医师的神奇药草，*drualus*[①]。

橡树还提供了另一种古老药物。橡树在老年时会承受着大风对树冠的风力，加重了它的负担。风扭曲着树冠，对树干施加扭矩。这时候，一种水出现了。德鲁伊医师将其称为 *uisce dubh*，即黑水。它是一种强大的分子，一种称为没食子丹宁的聚合物，至今仍被广泛使用，尤其在烧伤科病房中。

过去，橡树是滋养人类和动物的树木。这个家族的六百个物种中有些可以长出食用橡子。其他橡子必须被提取丹宁酸，才能变得足够甜，才可以磨成面粉或拿来烘烤。这是全球各地食用橡子文化的基础。今天，在许多阿拉伯和亚洲国家的食品市场上仍

① drualus，爱尔兰语，桑寄生植物，又称槲寄生植物，是一类可以进行光合作用的半寄生灌木。德鲁伊医师相信这是一种万灵丹药，具有神圣的功力和最好的疗效，被用于治疗各种疾病，包括咳嗽、感冒、发烧等。

然可以找到大颗的可食用的橡子。

从植物学的角度来看，橡树是植物界之王。每棵树都为昆虫、蝴蝶和传粉者构成了可以赖以生存居住的大都市。北美原住民族将橡树用作植物生长的温度计。橡树的寿命令人称奇，同样让人惊讶的是其与太阳保持步调一致的能力。橡树与生俱来带有自己的防晒层。掉到地上的落叶能够继续进行光合作用，并释放一种对橡子生长有促进作用的根生长激素，叫作脱落酸[①]。

德鲁伊和橡树之间的爱情故事成为传说。在橡木的木纹中蕴藏着千年的时间线，准确地记录着时间的潮汐。橡树是一棵圣树，古代凯尔特语中称为 *bile*，它的名称 *dair* 被赋予了欧甘文字母表中的字母 D。它由一条垂直线和两条平行的水平线组成。

德鲁伊的一个传说声称这棵树是地球跳动着的心脏，未来有一天人们将修复这些神圣的橡树林，从爱尔兰的克莱尔郡开始。传说还称，这个想法将像野火一样席卷全世界。

我记得在爱尔兰第一次见到布莱恩·博鲁橡树的情形。这棵庞大的树木神殿矗立在一座冰川山丘上，形体向外延展似广阔无边，犹如塞伦盖蒂草原[②]上的狮王。这棵树浑身上下散发着一种自信，与其无与伦比的优雅形态相得益彰，统领着整个景观。

你必须像环绕地球一样围着这棵树绕一圈。当你靠近它并抬头看时，奇迹就会展现。到处都是树冠，在你的头顶上各自形成一种独特的氛围。只有当你从附近的山上向下看时，你才意识到它是一棵有着巨大树干的树，完全可以与北美标志性的大树——

① 脱落酸（abscisic acid），一种抑制生长的植物激素，因能促使叶子和果实脱落而得名。
② 塞伦盖蒂草原（Serengeti plain），坦桑尼亚的一个国家公园，世界上最著名的野生动物保护区之一。

红杉相媲美。

布莱恩·博鲁橡树的守护者不是一条狗，而是一头巨型的黑色公牛，鼻子上戴着一个巨大的铁环。这个动物像一个仙子一样待在树的黑暗阴影里。当你朝着这棵树迈出一步时，它的蹄声就会响起，它会低下头，全力奔跑过来。公牛和橡树是朋友；一个在生长，另一个在低吟。

这是爱尔兰温带雨林中剩下的最后一棵巨树。它是欧洲古老森林的一个范例。它也是唯一一棵我无法克隆的树。

E

埃布哈（*Eabha*）
白杨（ASPEN）

自然界充满了稀奇古怪的事物。凯尔特人对此习以为常，并且能够从自然的混乱中总结出一些规律。

其中一个指导规律是白杨树。它是凯尔特世界中的天气预报员。人们日夜观察这棵树以找寻未来的天气迹象。白杨的卵形绿叶比其他落叶树的叶子更透明、更轻薄。成熟叶子的触感像丝绸一样柔滑。这些丝绸般的叶子悬挂在格外长的叶柄上，叶柄连接在枝条的顶端形成白杨的树冠。

此外，许多叶子的叶柄末端有一对腺体系统，起到了微小的平衡作用，有点像一架古董大钟的钟摆。叶子上端表面光滑，下端的表面有与不平整的叶子边缘相匹配的微绒毛。因此，白杨叶能够捕捉风，随风飘动。即使是最轻微的微风也会使它们摇曳起来。

白杨的拉丁学名是*Populus tremuloides*，意为“颤抖的树”。在全球森林的各种语言中，这个名称适用于各个地方的本土白杨物种。如果风吹动树叶，在夜晚它发出沙沙声，那么第二天就会下雨。如果风吹动树叶并将其翻转，露出浅白色的下端表面，那么可能会有大风。如果树叶发出干燥的咔嗒声，则预示着大雨即将到来。

凯尔特人运用这种对颤抖的叶子的认识，在夜空下对天气进行更细致的观察。如果月亮周围有光环，表示天气将会转变，从干燥转为湿润的天气。如果光环内的星星数目是一个、两个或三个，这代表着还有多少天之后天气才发生变化。这样的信息对凯尔特民众来说非常重要。每天围着厨房的餐桌吃面包时，他们也总是讨论天气会怎么样。一切其实都没有改变：如今，农夫们仍然靠天吃饭。

在凯尔特世界中，母亲们总是排在第一位，而白杨树总是在家附近的地盘上摇曳，靠近房子或分界田地的沟渠。在遥远的过去，这棵树被赋予过另一个名字，一个绰号，叫作埃布哈（*Eabha*），也就是夏娃，又被称作 *crann eabhadh*[①]，夏娃的树。但是作为人类的母亲，夏娃也被认为是一个满嘴抱怨和唠叨的人。白杨树因为一直哗哗作响，所以被称为 *crann creathach*[②]，即颤巍巍的树。在爱尔兰南部，凯尔特人对天气更加敏感，他们认为白杨树是一个 *cnámhseala*，意为老妇人，总爱瞎折腾。这是某个人在背地里说婆婆的坏话时可能会用的词。

白杨树的药用知识在德鲁伊医师中广为传播。整棵树的各个部分会产生大约十四种水杨酸。其中许多药用知识已经失传，但是有一个知识流传下来，现在仍然被养蜂人使用。当蜜蜂因潮湿

① crann eabhadh，爱尔兰语，crann 指树，eabhadh 含有“夏娃”之意，常用来作女孩的名字，同时也指白杨树。
② crann creathach，爱尔兰语，指称爱尔兰白杨，含有颤动之树的意思。

或嗅到某人皮肤的肾上腺素而被激怒时，它们会蜇人。可以将成熟的白杨叶子捣碎释放水杨酸，然后将其按压在皮肤上几分钟，作为一种环保安全的“绿色”绷带，可以缓解蜇伤的疼痛。

白杨树最古老的药用方法来自加拿大北方的阿尔冈昆克里族[①]和奥吉布瓦族人现在仍然在使用的药典。白杨被认为是一种抗饥荒的树木。当捕猎者或猎人在这片广袤的土地上遭遇困境时，他们可以依靠白杨树获取食物。他们剥去主干上的一块树皮，露出绿色的形成层[②]部分。这东西有甜味，如同甜瓜，可以提供一顿存活下来的饭食。

凯尔特人将爱发出“抱怨”声的白杨树，他们的“夏娃”，作为一种圣树放入他们的字母表中，它成为欧甘文中的字母 E。这个字母用一条竖线横穿四条水平线来表示。

近年来，植物学家在美国发现了一棵令人惊叹的白杨树，它的根系通过无性繁殖方式在更新世[③]冰期中幸存下来。这些细胞在地下克隆自己，形成了一个占地近二百英亩的根系，使得这棵白杨树有一百六十万年的历史，成为世界上最古老的生物。

当我在加拿大北方的针叶林中时，我发现了有关白杨树的另一个知识。在拍摄纪录片期间，摄制组的几个人决定去清澈的、可饮用的水域钓鱼休息一下。我要说的是，我们中的五个人在钓淡水梭鱼，而我只是假装在钓鱼。我把钓饵悬浮在水面表层，小心翼翼地观察着钓线，以确保没有鱼能碰到。我的表演并没有逃过他们的眼睛，尤其是站在我身边的原住民女医师索菲亚·拉布

---

① 阿尔冈昆克里族（Algonquin Cree），加拿大北部的原住民。
② 形成层（cambial layer），位于树木内部的内皮层（韧皮部）和木质部之间的一层活跃分裂的细胞，是树木的次生生长的来源。
③ 更新世（Pleistocene），迄今约一百八十万至一万年前的地质时间段。

里奥斯卡斯，她偶尔会发出一两声笑声。

突然间，一只海狸从船的一侧游了上来，只露出鼻子，它拖着一根很大的带着翠绿叶子的白杨树枝顺流而上。它把树枝塞进自己的栖息地，然后消失了。索菲娅说："这是我们的药物。吃了那只吃过白杨树枝的海狸，你就获得了所有防感冒和防流感所需的特效。这是我们这里人们的丛林医药[1]。"

① 丛林医药（bush medicine），指在澳洲、非洲和北美的原住民这些特定文化族群中，使用各种植物、草药、根和其他自然资源来应对各种健康问题的传统治疗方法，通常为族群内代代相传并发展起来。

F

费尔恩（*Fearn*）
桤木（ALDER）

我每年夏天回到利辛斯山谷时，下了公共汽车，爬上农车与帕特并肩坐着，听着马蹄的咔哒声、河水的潺潺声，闻着动物的辛辣味，金银花香混合其中，从那一刻开始，我的学校生活立即就被抛诸脑后、烟消云散了。

我感觉自己像一位女王。我坐在麦克鲁姆燕麦袋上，年轻的双眼巡视着大地，就像这一切都是属于我的。当我经过时，桤木默默地矗立着，两个车轮颠簸着将我带上山岭。

这些车轮改变了古代凯尔特人的生活，他们接受了这一伟大的发明，并在这个基础上增加了自己的创造。与凯尔特社会中的知识分子地位相当的铁匠们细细查看着车轮，希望改进它们。

他们在木质车轮的外部加上了一圈热铁。当铁冷却时，它会收缩，将铁与木材黏合在一起。然后铁匠们钉入一些钉子，增加车轮在路面上的抓地力。这种新型交通工具被凯尔特人称为“卡尔”（*carr*[①]），既可以携带重物，又提高了速度。这就成为我们现在所熟悉的一些问题的源头，比如交通拥堵，很快伴随而来的还有道路维护问题，一如既往，成本问题也凸显出来。

在凯尔特世界，随着交通流量增加，道路变得必不可少，随后而来的则是超级公路。河滩、沼泽和湿地成为设计这些道路的挑战。洪泛平原上的桤木树，它不会在水中腐烂，成为了应对挑战的答案。它们木质均匀，非常适合修建道路和一些大路。人们能够从这些在水边生长的树群里生产出约一百三十英尺长、加工直径为三英尺的原木。十三英尺长的原木用于做路基。根据地形，还使用了橡树、榆树、榛树和紫杉，人们用扁斧削掉它们的圆形表层。新修好的道路可以轻松容纳两辆马车或两辆战车——马车的又一个进化版本——并排通行。

这个道路网覆盖了大片土地，但更重要的是，它跨越了沼泽地，道路的状况得到了法律上和事实上的保护。布列汉法保护着这些道路，另外还有更古老的《申库斯·莫尔法典》[②]规定国王负责维护其领土上的道路。如果旅行者因为道路维护不善而受伤，国王应该向他们或他们的家人支付赔偿。然而，如果旅行者由于自己的粗心大意损坏了路况，那么他或他的家人必须向国王或酋长支付公平的赔偿金。

当道路需要穿过河流时，《申库斯·莫尔法典》也规定了安全桥梁（称为 *droichead*[③]）的精确建造方法。其中还包括了涵洞的建造规定。爱尔兰仍然保留着古代时期的著名五条大路，或

① carr，古爱尔兰语，意同英语中的 cart 或 wagon（马拉大车或马车），更早时期的凯尔特语为“karros”。

② 《申库斯•莫尔法典》（Seanchus Mór），意为伟大的传统，爱尔兰早期历史上最重要的法典之一。

③ droichead，爱尔兰语，意为桥梁、浮桥。

称为“斯利特”（*slite*）。欧洲其他地方的许多重要斯利特成为了罗马人道路建设的基础。阿赛尔路（*Slí*[①] *Asail*）向西北方向延伸，通往高王的塔拉宫殿。穆德鲁赫拉路（*Slí Mudluachra*）穿越塔拉，一部分向北，另一部分向南。然后，库兰路（*Slí Cualan*）向东南延伸穿过都柏林，达拉路（*Slí Dála*）从塔拉向西南延伸。最著名的道路是莫尔路（*Slí Mór*），一条大型公路，主要沿着一条砂岩堤岸从塔拉到戈尔韦[②]。这是最后一位高王的女儿、红发公主妮亚姆[③]最喜欢的路，她喜欢骑马急速驰骋，骑在马上的她红发飘飘。她是爱尔兰女性勇毅、力量和骄傲的典范。

在古代道路中使用的桤木，拉丁学名为 *Alnus glutinosa*，是一种原产于欧洲、北非和亚洲许多地区的树木。这种桤木属于桦树科，它的雄性柔荑花序像是有着防水功用的幕帘，是春天里的瑰宝，当树木被切割时会流出像血液一样的单宁[④]。空气会在几分钟内将白色的木材氧化成红色，这使得有人产生了一种迷信说法，认为切割这种树是不吉利的。但这种现象其实正是桤木被用作染料的化学基础，配合不同的植物媒染剂，可以制成黄色、红色和粉色，以及黑色、绿色和棕色的染料。

桦树科——桤木是这个家族中的一员——的药用成分不仅为德鲁伊所知，而且在整个文明世界被人们广泛了解和使用。桤木最早的用途之一是作为抗菌和止痛的漱口水。使用的是树皮内的形成层，也就是树皮里面坚实、湿润的组织。将这些组织煎煮

① slite，slí，爱尔兰语，均表示道路。
② 戈尔韦（Galway），爱尔兰西部的城市。
③ 妮亚姆（Niamh），根据中世纪的传说，她是爱尔兰南部芒斯特省的公主。
④ 单宁（tannins，通常称为单宁酸）是水溶性多酚，存在于许多植物性食品中。根据研究报道，它们会导致实验动物的采食量、生长速度、饲料效率、净代谢能和蛋白质消化率下降。

成溶液，用作漱口水，在漱口几分钟后吐掉，可以止痛和减轻牙龈和口腔的炎症。有趣的是，美洲原住民使用不同的北美种类的桤木树皮，通过类似的树皮煎剂方式来缓解灼伤和烧伤导致的剧痛。

在整个凯尔特世界，人们把桤木树皮和成熟的绿叶放在一起，制成煎剂作为止痛药。这种溶液被涂抹在关节部位，如膝盖、肘部和疼痛的手部，然后等待风吹干。人们还饮用由桤木树皮和未成熟叶子制成的一种茶,在春季饮用能够起到强壮身体的作用。

德鲁伊也把桤木视为一种圣树。它被赋予了另一个名字，费尔恩（*Fearn*），在欧甘文中表示字母 F。这个 F 由一条竖线与右侧三条平行的水平线表示。古代德鲁伊还认为费尔恩是水的守护者，而水被视为神圣和不可侵犯的物质。

G

高特（*Gort*）

常春藤（IVY）

在古代森林中，常春藤是垂直空间中悄无声息的向上攀爬者，利用树木的树干来获得阳光。在古代语言中称为高特（*gort*）的这种木质多年生植物，其生命从掉在橡树根部土壤中的一颗肥大、闪亮的黑色种子开始。随着时间的流逝，五百年甚至更久以后，那粒种子生长出来的植物才能触及树冠。凯尔特人认为常春藤（拉丁学名 *Hedera helix*）是一种能够发生神迹的植物，能保护人们免受邪恶精灵的侵扰。每个家庭都在 12 月，即"*Mí na Nollag*[①]"，太阳落在地平线上最低点的时候，用常春藤的常绿叶子作装饰挂在壁炉上，希望给他们带来保护——这个习俗在西方一直延续到今天。

在 12 月末，哑剧的表演者——他们为了狂欢活动而穿上破烂衣服，因而通常被叫作稻草男孩或 *cleamaír*[②]（常春藤男

① Mí na Nollag，爱尔兰语，指 12 月。
② cleamaír，源自爱尔兰语的"树枝"或"树杈"，在这里指哑剧演员使用常春藤树枝作为伪装，因此意译为"常春藤男孩"。

孩）——会使用常春藤作为他们的伪装装饰，走家串户，给邻居们表演、唱歌或者朗诵诗歌。与我们一样，凯尔特人希望在新年来临之际能够焕然一新；这些表演者或男扮女装或女扮男装，他们相信，如果他们能够以这种方式骗过他们的朋友和亲戚，认不出他们，他们也能成功地愚弄那些邪恶精灵。然而，如果其中一个被人们认了出来，他或她将注定要重复其在旧年曾经犯下过的错误。

希腊人将常春藤奉献给他们的酒神巴克斯[①]，因为常春藤是他们饮酒过度的解药。尽管常春藤的叶子含有毒性，但将嫩叶泡在葡萄酒中可被用来预防醉酒。这种号称可以保持清醒的做法传到了英国，他们在自己喜爱的酒馆的店名边和门口上涂满了大片的常春藤。

在爱尔兰的拉黑恩森林[②]中，仍然可以看到已有五百年之久的常春藤环绕着巨大的橡树冲上树冠——这是最后一位高王（*Ard-Rí*[③]）的狩猎时代所遗留下来的古老森林中的小小一部分。它是整个岛上唯一一个地方,让我们还能了解德鲁伊的活动环境，以及滋养他们的草药疗法的植物种类。从远处看，攀爬在这些古树上的常春藤的茎蔓就像肌肉。每棵树都是生长的发动机，似乎不受常春藤的束缚而减弱其生长动力。也许，常春藤能够为橡树提供植物激素——植物世界所需的“生长素”，从而使橡树保持健康。

随着视线沿着常春藤向上延伸，你会注意到，随着这种用

① 巴克斯（Bacchus），在希腊神话中又称酒神狄俄尼索斯（Dionysus）。
② 拉黑恩森林（Raheen Wood），位于爱尔兰康诺特省的古老森林。
③ Ard-Rí，爱尔兰语，对应英语 High King。Ard 的意思是 high（高）、noble（贵族），Rí 的意思是 king（国王）。

一系列水平状的根须像爪子一样紧紧攀附在树上的植物爬得越来越高，叶子的形状也在改变。最接近地面的叶子会有多个裂片[1]，随着攀爬高度的增加，叶子失去了这些凹陷的缺刻[2]。在植物的顶部，最年轻的叶子在秋末开出簇状的绿色小花朵，受精后会结出与叶子一样有毒性的黑色球状果实。

像许多其他含有毒性的植物一样，常春藤在药用上也具有很高价值。它属于花旗参（ginseng）科目，其神秘的药物性很难理解，因为它们的作用发生在细胞层面上。德鲁伊使用靠近橡树树冠的无缺刻叶子来治疗各种疼痛，尽管确切的配方已经失传。常春藤叶也被用作风湿性疼痛的外敷药膏，提取的黑色树脂可用在牙科治疗中，而用醋酸漂洗过的叶子则可用作缓解牙痛的漱口水。

这种凯尔特人的花旗参在欧甘文中占有一席之地，尽管它是一种木质多年生植物而不是树木，它被赋予了字母 G，即“高特”（*gort*）。这个词有深刻的意义，既含有“农田”之意，也意味着“饥荒和饥饿”（*gorta*[3]）。他们的生活常常取决于田地所能耕种产出的粮食与饥荒造成的灾难之间微妙的平衡。

在欧甘文中，字母 G 被写成一条长的垂直线，与从左至右倾斜的两条短平行线相交。它的浊音辅音特质，增加了爱尔兰的诗歌和歌曲音色色彩。常春藤对于德鲁伊来说是神圣的，因为它是一种药物，也是他们森林的守护者，它可以长到两百英尺高，升向太阳、月亮和星星。温带地区的古老森林是唯一能找到这种特殊常春藤的地方，但电锯的嗡嗡声仍在持续。

---

① 裂片（lobe），指缺刻之间的叶片。
② 缺刻（indentation），指叶子边缘上深浅与形状不一的凹陷。
③ gorta，爱尔兰语，指“极度匮乏或饥荒”。这个词也是爱尔兰历史最悠久的国际组织的名称，该组织的宗旨是与饥荒做斗争。

H

华斯（*Huath*）
山楂（HAWTHORN）

古代凯尔特人将山楂树视为力量的提供者。他们相信这种树是通往仙人（*síoga*①）、行善者或好人（*na daoine maithe*②）世界的一个入口。

德鲁伊学者熟知夜空和太阳系，并用数学的方式描述它们的所有特点。他们创造出了科利尼日历③。他们改良了铁器制造和可持续耕作的农业。他们先是首创、继而又重新构建了基于公正法律的民主制度，这套法律他们称为布列汉法。他们把口头文化用书面形式记录下来，使用的文字称为欧甘文。此外，德鲁伊在教育方面平等对待两性。

他们的信仰体系由灵魂（*anam*）概念和无处不在的灵性引

---

① síoga，来自现代爱尔兰语，意指仙人，常用来指超自然或者神话中的人物或生物。

② na daoine maithe，爱尔兰语中的一个短语，意指好人、好老乡。在爱尔兰民间传说中委婉地指代那些超自然的生物。

③ 科利尼日历（Coligny calendar），一种古老的日历，包括各种节日和农业活动，是凯尔特文化的重要遗产，1897 年在法国科利尼城遗址中被发现。

导（*anamchara*）所支配。他们相信这个活生生的世界充满灵魂，从水到山，从草到野生动物再到昆虫，所有生命都与这个灵魂连接在一起，又因为如此，所有形式的生命都需要受到保护。

灵魂延伸到来世，就像一张巨大的意识之网。那些仙人们就生活在这个平行世界里，可以随意往来穿梭。姓名以麦克（Mac）或奥（Ó）[①]为前缀的古老凯尔特家族中如有任何成员即将死去，他们都会显灵并向生者宣告死亡的来临。这些王室家族会受到一个仙女的拜访，她叫宾西（*beansí*）或班兮（banshee），她可以发出一种叫作塞奥思（*ceolsí*）的迷人悦耳的声音，又或者发出叫作索拉思（*solassí*）[②]的仙女之光，作为死亡的警告。

山楂树是玫瑰或蔷薇科的一员，拉丁学名为 *Crataegus monogyna*（单核山楂）。这种稀疏、多刺的树可以长到三十英尺高，木材呈粉红色，非常坚硬。5 月，山楂树开出一圈白花，聚成一簇，闻起来有点苦味。之后，便是生长出深红色的椭圆形果实，就其生物构成而言，其实就是小苹果或梨果类，通常称为山楂果，在霜冻后变甘甜。它们是凯尔特农民在秋季的能量小食，对心脏健康特别有益。

山楂的神奇魔力在于它是一种古老的药物，在今天的手术室中仍然使用。山楂提取物已经商用，并注册了商标，诸如 Curtacrat、Crataegus-Krussler 和 Esbericard[③]。这些药物具有增强

---

① “Mac”在爱尔兰盖尔语中意为儿子，而“Ó”则意为孙子或后代。这些前缀用于表示一个人的祖先，并且通常会代代相传。

② banshee，见第五章注解。beansi 是指“bean sí”，在爱尔兰语中表示仙女。ceolsi 来自爱尔兰语中的 ceol si，ceol 指音乐，si 指仙女。solassi 应是 solas si，指精灵之光，solas 的意思是光。在爱尔兰民间传说中，solas sí 有时用来描述神秘的光或火焰，人们相信它们是由精灵或灵魂产生的。

③ Curtacrat 注册商标归 Euromed S. A. 公司所有，该公司是药物、保健品和化妆品行业的标准化草药提取物和天然活性物质的生产商和供应商。Crataegus-Krussler 注册商标归德国公司 Dr. Krussler Pharma GmbH 所有，该公司生产

心肌收缩力和扩张血管的作用，其作用的靶点是人类心脏中非常重要的上行左冠状动脉，这条血管为心肌输送营养。山楂提取物可以打开这个冠状动脉，允许更多的血流通过，为这个至关重要的肌肉泵提供氧气。

古代的德鲁伊医师非常善于利用山楂药物治疗不明原因的虚弱症状。今天，山楂提取物被用于治疗高血压性心力衰竭、动脉硬化、心动过速以及部分与心绞痛相关的症状。

成熟的山楂叶还有另一种强效的魔力，它是蝴蝶世界的生长激素——这种复合物能够为蝴蝶幼虫进食时注入力量，从而增加蝴蝶的数量，并有助于提升它们在野外授粉和异化授粉的能力。

观察是德鲁伊医师的关键手段。他们将无法解释的事物称为魔法。他们的观察结果经受住了时间的考验。现在，这些观察结果依然为我们所用，成为生物化学的基石。

山楂因其神圣地位而被赋予了一个名字“华斯”（*huath*），在欧甘文字中它成为了字母 H。H 由一条竖线与左边的一条水平线相交表示。

几年前，在一个国际机场，我遇到了一件非同寻常的事情。当时我正静静地坐着等待我的航班，注意到一个中国女士站在我旁边，焦虑不安。她一手拿着登机牌，另一手拿着护照，表现出很恐慌的样子。我听到她的航班被呼叫，意识到她不会说英语，于是我走到她身边，用手势引导她朝她登机牌上显示的登机口走去。她用普通话说了感谢的话，然后在她的行李中翻箱倒柜地寻找起来，最后拿出五根粉色的小棒，送给我，向我表达感激

和销售草药提取物和保健品。Esbericard 注册商标归德国制药公司 Schaper & Brümmer GmbH & Co. KG 所有，该公司生产和销售天然疗法和制药产品。

之情。当天晚些时候，我请一位朋友为我翻译粉色小棒上的中文标识，结果发现它们是山楂，是一种与欧洲山楂不同的品种。这种中国山楂是一种用于降压的旅行药品。当时，我自己正在进行有关血液稀释和山楂的研究。这难道仅仅是个巧合吗？

I

乌儿（*Iúr*）

红豆杉（YEW）

砍伐一片森林，砍倒所有的森林——你便摧毁了一种森林文化的精神生命。这就被叫作种族灭绝，一次又一次的砍伐，造成了对一个文化群体的系统性摧毁。

爱尔兰红豆杉，拉丁学名为 *Taxus baccata*，是凯尔特文化中代表丧亲之痛的树，被英国人从爱尔兰茂密肥沃的土地上灭绝了。塔拉高王的宫廷记录中曾描述当时的森林景观为 *iúrach*[①]，即到处都是常绿的红豆杉树。然而，这片森林已经被夷为了平地。这种坚韧、致密、柔软、防水的木材曾被用来制作战争的武器，家中的女主人在制作乳制品的时候也要用到它。

很久以前，红豆杉的玫瑰红木材是凯尔特人应用很广的产业。其细致的纹理，微小的孔隙，用牛奶及其脂肪产品加以处理能够防水。在潮湿的环境下，这种木材不会腐烂，始终保持完好。红豆杉被用来制作黄油制造过程中使用的搅拌器、奶罐和碗碟。

① iúrach，古爱尔兰语，意为到处都是红豆杉，也指用红豆杉制作的器皿等。

这些红豆杉器皿被称为“*iúrach*”，制造它们的专业木匠被称为“*iúróurí*”，整个专业领域被称为“*iúróireacht*”，即红豆杉工艺。就像橡木桶使威士忌陈化一样，红豆杉木制器皿经年累月使用后吸收了奶油的光泽，富有特色的手工黄油被女人们交换和销售到很广很远的地方。

富含养分的土壤中生长的成熟红豆杉，其木材具有独特的品质。由于管胞[①]的内部管道非常灵活，即使在弯曲时也能保持很大的韧性，红豆杉木材因此被认为是制作弓的最佳材料，而弓是古代战争的主要武器。凯尔特人以手眼协调而闻名，即使在罗马时期，他们也是军队中的精英分子。

红豆杉在1780年偶然重返爱尔兰，当时还处在宗教迫害时期。在现在的北爱尔兰厄恩湖[②]附近的一个春日早晨，一位农民正在巡视他的田地。他的目光碰到了在其中一片田地中生长着的一种奇怪的东西。经过仔细观察，他发现两棵小小的常绿红豆杉幼苗正茁壮地并肩生长着。这片土地上的树林早已被英国人清理干净，给他们的种植园[③]让路——其中一些种植园正是贝雷斯福德家族的。这两棵红豆杉几乎是奇迹般地从沉睡的种子中生长出来，成为古代爱尔兰红豆杉森林的唯一遗迹。

红豆杉是一种具有药用价值的树木，正如红豆杉属植物的其

---

① 管胞（tracheid），植物运送水分和无机盐的管道，并为树木提供结构支撑。存在于多数蕨类和裸子植物的木质部。

② 厄恩湖（Lough Erne），源自爱尔兰语 Loch Éirne，是北爱尔兰弗马纳郡两个相连湖泊的名称。它是北爱尔兰和阿尔斯特第二大湖泊系统，也是爱尔兰第四大湖泊系统。

③ 种植园（plantation English），16和17世纪，爱尔兰的种植园涉及英国王室没收爱尔兰人拥有的土地以及英国殖民者对这片土地的殖民化。英国国王将种植园视为控制爱尔兰、使其英国化和“文明化”的一种手段。主要种植园建于16世纪50年代至17世纪20年代，其中最大的是阿尔斯特（厄恩湖所在地）种植园。种植园导致了爱尔兰大规模的人口、文化和经济变化，以及土地所有权和景观的变化，也导致了几个世纪的种族和宗派冲突。

他七种物种一样（尽管一些植物学家认为这八种物种实际上只是一种）。在全球范围内，这个享有盛誉的物种几乎对所有文化来说都代表着一种丧亲之树，其木材被用于制作棺材，枝叶被编织成葬礼上的花圈。这种树具有毒性，只有一个例外，这很是奇怪。亮红色的果实，称为假种皮，由一个坚硬的种子组成，种子贮存在多汁的果肉内。多汁的红色果肉是一种受鸟类青睐的食物，似乎是无毒的。

除此以外，爱尔兰红豆杉和全世界的红豆杉对牛和人类都具有毒性。但它们产生一类特殊的生物化学物质，被称为紫杉醇(taxols)，目前用于治疗多种癌症。和这个领域的许多药物一样，小剂量是治疗的良药，而大剂量则是致命的毒药。

德鲁伊医师们了解红豆杉的疗效，并坚定地将其作为生命中的圣树。在凯尔特家庭中，储存在红豆杉容器中的黄油被涂抹在烧伤和烫伤处，以阻断伤口表面接触空气，直到伤口开始愈合。存放在红豆杉罐中的牛奶可与洋葱一起煮沸，作为治疗感冒的药用饮品，并作为排汗剂以抗击病毒。红豆杉壶中的酪乳可以在春季作为补品饮用，也可用于改善青少年的皮肤，尤其是那些患有轻微皮疹、皮肤发红和瘢痕的人，有时还可以在眼周皮肤上使用以缓解面部紧张。

德鲁伊医师使用树皮、根皮、假种皮、木材和叶片等作为药材，其中许多珍贵药方已经失传。这些秘密药物作为信任机制的一部分被给予重要家族，以传承至未来。在宗教迫害的五百年间，它们沉寂并处于隐秘状态，直到19世纪末才重新出现。然而，它们被当作无用的民间草药而被抛弃，取而代之的是现代药丸。这些草药中很多药物是治疗癌症的良方，还有许多可用于疼痛治疗。

所幸，一些古老的疗法被保存了下来。北美的易洛魁人[①]原住民使用他们所在地域物种中的短叶红豆杉（*Taxus brevifolia*）提取物作为他们药物的增效剂。增效剂是一种能够增强药物效果的生物化学剂。红豆杉传统上也在蒸汽浴中使用，可治疗疼痛。将其叶片浸入水中煮沸，然后用蒸汽诱导出汗。紫杉醇精华会附着在皮肤上，待其干燥后，会缓解关节的慢性疼痛。红豆杉还被用于减轻肢体麻木感和调节月经周期。

德鲁伊智者们在欧甘文中用字母“I”表示“*iúr*”。这个字母是由一条竖线和五条水平平行线相交而成。在树木字母表中，“*iúr*”是他们对红豆杉的称呼。

红豆杉的故事在我自家植物园中有一个结局——我的植物园中有一棵我以为在这个区域已经灭绝了的红豆杉，那就是本地的加拿大红豆杉（拉丁学名 *Taxus canadensis*）。这种植物是数百万年前的北美古老森林的遗物。我发现它匍匐在一棵大树的阴影下，在雪松木栅栏下挣扎着生长。它会生长的，它会的。只要它还活着，就有希望能够产生更多的抗癌药物。这就是生物多样性在行动。

① 易洛魁人（Iroquois），北美印第安人的一支，生活在美国纽约州、威斯康星州、宾夕法尼亚州、俄亥俄州，以及加拿大的安大略省和魁北克省。

NG

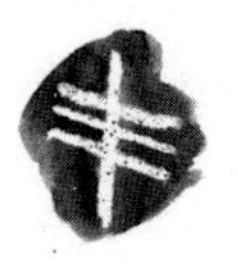

布罗部（*Brobh*）
灯芯草（RUSH）

凯尔特人的照明来自一种植物。它不是由核反应堆提供动力，反应堆的乏燃料棒（spent rods）[①]，只要还在半衰期内，就一直会有放射性，直到无数个千年流逝。它是灯芯草，一种生长在沼泽地的植物，一种成长在湿地的野生生物。

每个凯尔特人，甚至小孩子都知道如何制作一支灯芯草蜡烛，称为 *coinneal feaga*[②]。这个过程很简单，而且非常环保。灯芯草的天赋异禀深深植根于其生命形式的发展历史中。在恐龙为填饱肚子觅食的时候，灯芯草——当时是一种巨大的植物——就已经成为了它们的美食。为了适应炎热潮湿的气候，它需要经历一些内部变化的过程。海绵状成为了叶片的中心内核，一种被称为软细胞组织的器官组织。软细胞组织内有充满氧气的空腔，

① 乏燃料棒（spent rods），指在核反应堆中使用过的核燃料棒。在核反应堆中，核燃料棒中的核燃料会发生裂变，释放出热量和放射性物质。当核燃料棒中的核燃料消耗到一定程度时，就不再能够产生足够的热量来维持核反应堆的运行。这些使用过的核燃料棒被称为乏燃料棒。
② coinneal feaga，爱尔兰语，coinneal 意为蜡烛， feaga 意为灯芯草。

虽然肉眼看不见，但对生命的生长而言却是至关重要的。

凯尔特人会派他们的孩子作为侦查员去寻找最好的灯芯草。通常，要找那些盘踞在优质牧场边缘和湿地上长得最高的。灯芯草的生长方式是环形的，新叶秆生长在外围。位于中心的叶秆最长，通常有黄褐色的须穗，那是它的性器官。叶秆像是涂了一层蜡可防水，其形状是细长的绿色圆筒形。在植株茎基部快速而有力地拉拽，就可以收割叶秆，其根部有一截是白色的。在收割时要小心不要弯曲或损伤叶秆。

然后，真正的乐趣开始了。将叶秆放平，用锋利的刀子从上到下切入其绿色表层，切到叶表角质层的深度。然后从白色的基部开始，用指甲将雪白的软细胞组织剥落下来。这种带有空气孔隙的软细胞组织就成为了理想的无滴漏蜡烛芯。将芯线浸入热脂肪中（过去使用羊脂肪，因为它以固态形式便于存储）。当芯线冷却下来时，再次浸入，如此反复。一个做工精良的蜡烛可以燃烧约一小时。蜡烛或烛芯逐一放入专用托架中进行点燃。它们在室内提供了颇为明亮的照明，为夜晚的家务活增添了可爱而柔和的光芒。

凯尔特人常见的软灯芯草（拉丁学名 *Juncus effusus*）是世界范围内几百种灯芯草科植物之一。在冬季，在露天储藏坑中存放土豆等其他蔬菜时，可以在坑内放入灯芯草，最上面还可以放一层如卷心菜这样的蔬菜。灯芯草还被用作垫草，给奶牛和家禽在潮湿天气下使用，既可以帮助防水，也可以用以排水。它还被编织成漂亮的地垫、草席、椅垫和其他家居装饰品。它们如今在日本仍然被用作榻榻米地板的席子，散发着芳香的气味。

农人们长期以来就知道灯芯草对牛有毒。当有新草或干草可供食用时，牛通常会绕过这些植物，完全忽视它们。但当饥饿降临时，动物们会忘记之前对这种植物的不待见，开始狼吞虎咽地吃灯芯草，直到失明、昏迷和死亡降临到它们的身上。

灯芯草中的毒素并不为人们所了解，但在古代世界，运动员在跑步比赛或参与当时的许多球类比赛之前，常用灯芯草来净化身体。他们会用灯芯草水洗三次身体，以增强耐力。这种身体洗涤被认为是一种皮肤催吐剂[①]。

灯芯草很有可能帮助了爱尔兰最伟大的长跑运动员。费奥恩[②]和他的武士诗人团队菲利奥赫塔（*filíochta*[③]），一次跑遍了整个爱尔兰，一群忠诚的狼群陪伴着他们，在他们的脚后跟狂吠。这种显示耐力的壮举构成了许多爱尔兰传奇的基调。

因此，灯芯草与树木一样被视为拥有神圣地位，并在欧甘文中被赋予鼻音字母“*ng*”。这个字母如今被称为“*ngetal*”。在欧甘文石头上刻下的文字中，它呈现为一条垂直线与向右下倾斜的三条平行线相交。但灯芯草给予我们最宝贵的财富是，通过它们让我们了解了很多凯尔特家庭的日常生活。

① 皮肤催吐剂（skin emetic），催吐反射是身体的保护机制，可防止吸收或输送被认为对小肠有毒的物质，并最终影响血液。
② 菲奥恩（Fionn），指菲奥恩 • 麦克卡姆海尔（Fionn MacCumhaill），古代爱尔兰武士军团菲安纳（Fianna）最伟大的领袖。Fionn 这个名字取自盖尔语，意为公平，也可指俊秀、漂亮，很可能是因为费奥恩有一头浅色头发。
③ filíochta，爱尔兰语，指诗歌。

L

露易丝（*Luis*）

花楸树（ROWAN）

凯尔特人并不是唯一一群看着花楸树心生畏惧的人。在全球森林密集的许多地方，关于这种树的民间传说和迷信比比皆是，即使在现代还是如此。花楸被用于驱邪，以释放内在的生命之神。人们佩戴花楸木或树枝制成的护身符，以防止游荡在路上、忽然间横窜过来的邪灵。

然而，凯尔特人对这些传奇力量有另一种解读。他们认为花楸树是一种充满魔力的树，相信仙子们深深迷恋于它 5 月盛开的雪白花朵，以及秋季鲜红的浆果。据说这些精灵们会让他们自己沉醉于花楸果的绛红色果汁。当夜晚到来，黑暗笼罩，人类沉沉入睡时，醉醺醺的仙子们会耍一些把戏——其中一些会让人厌烦不堪。凯尔特人因此有一句谚语用于诅咒他们的敌人：“*Caor thine ort!*”[①] 这可以理解为“愿花楸浆果的火焰烧毁你”。当然，

① Caor thine ort，在爱尔兰语中，caor 意为火球、雷电，thine ort 指噩运降到你头上。

这话并非出于善意。

凯尔特农人们把生长在篱笆中的花楸树作为他们的一种“太阳报纸”来阅读——预测大自然的周期。他们会仔细记录花朵绽放的日期，并将其用于预测田野中的谷物即将收获的日子。花楸果的品质和数量被视为衡量谷物颗粒大小的指标。如果果实成熟了，颜色恰如玫瑰，这就是说他们的生活将会风调雨顺。

花楸魅人的魔力被德鲁伊医师用来增强他们通常希望通过吟诗或阅读圣书所寻求的安抚效果，也就是“*sámhnas*[①]”。处于“*sámhnas*”状态意味着你放下了警戒，就像婴儿在听到摇篮曲时那样。动物也会出现这种情况。过去曾使用许多歌曲来让奶牛放松下来，以增加产奶量。德鲁伊医师认为这种安抚能让心灵得到休息，使人进入更加宁静的状态。

就像冥想一样，在“*sámhnas*”状态下，时间变得不可捉摸，一分钟可能变成十分钟，或者反之亦然。这样的心灵之旅对整个身体的放松都是有益的，我们现在知道，对于肾上腺皮质尤为有益。德鲁伊医师们相信，保持心绪平和对健康是有益的。花楸是一种能够带来身体平和舒适的药物。

凯尔特花楸（拉丁学名 *Sorbus aucuparia*）和全球大约八十五种其他花楸物种一样，也含有兴奋剂，其效果与咖啡、茶和其他类似植物相当。花楸的成熟的果实生吃对人类是有毒的，因此，像接骨木莓[②]一样，必须经过烹煮才能食用。凯尔特人饮用

① sámhnas，爱尔兰语，指休憩，舒适，放松。
② 接骨木莓（elderberry），欧洲接骨木树的深紫色浆果，在欧洲盛行很久，早在公元前 400 年，在欧洲就被视为家家必备的草药，被用来增强体力，也可为病后疗养之用。可参见后面的“接骨木”章节内容。

花楸果实的煎剂作为滋补品。这种煎剂的确切成分，还有凯尔特人使用的花楸树种类及其成熟度的记录已经失传。与这种煎剂最接近的是由北美北部的原住民制作的花楸煎剂，他们现在还在把它当作茶饮用，但他们使用的美洲花楸（拉丁学名 *Sorbus americana*）药效更为强劲。他们通常使用在春季中期采摘的花楸树内皮与水菖蒲（拉丁学名 *Acorus calamus*）一起制作煎剂，作为常规滋补品。

最后一批在传统药典中将花楸作为重要药物使用的部落是斯拉福人、克里人和奇普维安人[①]。他们使用三种加拿大北方原生的花楸树物种：美洲花楸树（*S. americana*）、漂亮花楸树（*S. decora*）和山岩花楸树（*S. scopulina*）。在这些北方地区，这些树木已经缩短为高灌木丛，并且在白昼短和气温寒冷的压力下它们的药效变得更为强大。

这三个民族将花楸树称为“药棍”。其上部绿色羽状叶片，成熟后可用于煎汤，治疗感冒、咳嗽和头痛。花楸树的根部煎剂可用于治疗腰背疼痛。通过与其他本土草药和植物的复杂组合，花楸树也被用于糖尿病和癌症的治疗。

毫无疑问，德鲁伊医师将凯尔特花楸树视为一种神圣的树木，因为对他们的社会而言其药用价值极高。花楸树被称为露易丝（*luis*），在欧甘文字母表中被赋予字母 L。这个字母被写成为一条垂直线与向右两条水平线相交。

① 斯拉福人（Slave）、克里人（Cree）和奇普维安人（Chipewyan），都是生活在加拿大的原住民部落。

M

木音（*Muin*）
黑莓（BLACKBERRY）

初秋的傍晚，一个爱尔兰农民在赶奶牛回家的路上，他粗糙的手伸进自家沟渠里带刺的藤蔓中，然后抓出一串黑莓。他只会吃有着雪白色底部的浆果，其他的会丢弃掉。

这种秋季采摘黑莓的方式在凯尔特世界已经延续了数千年。被采摘的物种是野生的藤蔓或黑莓（拉丁学名 *Rubus laciniatus*），现在在爱尔兰和欧洲仍然野生野长。它属于蔷薇科（拉丁学名为 *Rosaceae*）家族，有成千上万个近亲遍布在世界各地，从气候寒冷的北极到炎热的印度次大陆都有。

这种带有拱形枝条的植物，其生命之初是一粒干燥的种子，经过鸟类、人类或哺乳动物的肠道细菌生物群落传播而来。从中残留下来的一点点氮满足了种子的需求，奠定了它的生命基础。

黑莓是一种两年生植物。在第一年，枝条为第二年的果实提供养分。小小的白色玫瑰状花朵受精后变成绿色，然后变红，最终变黑。果实被植物学家称为核果，一系列单果都各自有防水籽皮，里面存有果汁——它们的美味对人类和动物都是一种诱惑。

就黑莓而言，生存是头等大事。与其他所有物种一样，黑莓在繁殖的道路上要使出浑身解数。对于一个长着铁丝网似的藤蔓，浑身是刺，动不动就扎破人的皮肉的植物来说，能用来繁殖的选择还是很有限的。但是其果实的甜美是个很大的诱惑，引诱采摘者冒着被扎破肌肤的风险，并且一旦采摘和食用了果实，健康就随之而来了。

如今的生物化学家已经确定了黑莓中的一种叫作鞣花酸的生物化学物质。它是一种植化素调节物，也是一种免疫系统增强剂，它似乎能够对某些形式的癌症提供防御机制，加拿大正在对此进行研究。人们长期以来一直猜测黑莓汁还具有抗糖尿病的活性，但尚未通过临床试验证实。植化素调节物是一种在植物中起导向作用的细胞系统,有时会进入食物并在人体肠道中发挥作用。这种植物激素也会激发人类的生理化学反应，比如那个走在把奶牛赶回家挤奶的路上，寻找浆果满足甜蜜口腹之欲的农夫。

在布利汉监护期间住在利辛斯农场的日子里，我的一项工作就是把牛赶回家。我是一个声名远扬的动物溺爱者，干活时身边总是围绕着一群观众。大约在四点钟，我拿起探路棍。大猫和小猫咪们领会了我的暗示，很快马儿们也注意到了我，小跑过来。狗狗们总是黏着我，此刻它们跑在前面，知道要去哪儿。下蛋的母鸡也跟随在后面，直到它们感到不安全的地方才停下来。绵羊和驴子也加入了进来，还有几只火鸡，我们一起出发去山谷里把奶牛赶回来。那头我最喜欢的老母牛“草莓”总是第一个上前来迎接我。然后我们一起返回农舍，我时不时停下来采摘黑莓吃。我太爱这种水果了，那个时候，我黑黑的手指、舌头和嘴唇足以证明我在磨洋工，忘了干正经的事儿了。

古代和现代原住民文化的治疗师们将我所吃的东西称为“丛林食物”。他们明白，当他们的族人停止食用这些丛林食物时，他们就会失去健康。各种野生食物，来自未受污染、纯净的基因源头，都具有植化素调节系统，现代科学正试图理解其中的奥秘。忽视这些食物对健康的重要性已经导致了肥胖、肠道问题和糖尿病等流行病。不过，德鲁伊医师们通过简单的观察就理解了这一点，毕竟，认真观察是解决问题的重要途径。

即便是在他们那个时代，德鲁伊医师们对药用物种的稀缺性也非常清楚。大约在基督诞生那个时候，他们从希腊医师那里听说一种巨大的茴香正在灭绝。这种茴香（*silphium*）生长在利比亚沿海地区干燥的山边特定的带状土壤层上。作为一种避孕药物，这种植物在世界各地需求量很大，价值超过纯银。据说到公元 37 年，这种茴香只剩下了一根茎。

古代文化的医师们很久以前就奠定了预防医学的基础。知识即力量，当时如此，现在依然如此。药物在不同文化之间通过一种以物易物的交换系统传播。这一证据在语言中留存了下来。我的家族姓氏是贝雷斯福德（Beresford），在爱尔兰语中是 *Dún Sméarach*（意为“有着黑莓的堡垒”）。我们是来自“黑莓城堡”的人——可是，这种植物却拒绝在我自家的花园里生长！

黑莓是野生林地里的物种。它喜欢生长在森林边缘中阳光充足的地带。木材的自然腐烂为枝蔓提供了生长果实所需的钾和钾碱。栖息在树上的鸣禽们会飞到开阔地带觅食，然后返回森林边缘晒太阳。当它们放松休憩时，它们的肠道肌肉也会放松，排出种子。

德鲁伊们了解这个生态系统，并通过赋予黑莓神圣的地位来保护它。

黑莓植物被称为“木音”（*muin*），在欧甘文字中为字母 M，由一根长长的垂直线和向左上倾斜的一根线交叉组成。

N

尼昂（*Nion*）
白蜡树（ASH）

对古代世界来说，白蜡树是一种神秘的树。许多文化将白蜡树视为来自原初的存在——最早从虚无中创造出来的树木。

瓦巴纳基人流传着关于他们的创造者和伟大战士格卢斯卡普[①]的故事。按照古老的传统，格卢斯卡普用白蜡树的心材制作箭杆，并将它们穿过石头工具上的孔洞。然后，他加固这些箭，让它们更坚硬强韧，并挑出一支，射向一棵巨大的白蜡树（拉丁学名 *Fraxinus americana*，美洲白蜡树）。箭在树的心脏位置射出了一个洞，人类家族的第一批成员就像溪水哗哗流出一样，从这个洞中涌出，并在地球上占据了一席之地。

在北欧的传说中，最原初的树也是一棵白蜡树，被称为伊格德拉希尔（*Yggdrasill*[②]）。这棵英勇的树创造了未出生的灵魂，

① 瓦巴纳基人（Wabanaki），美国缅因州的一些印第安人部落，统称为瓦巴纳基人。格卢斯卡普（Glooscap）是他们神话传奇中的英雄。
② Yggdrasill，在北欧神话和芬兰神话中，被称为世界之树，又被称为宇宙树或乾坤树，树的巨大枝干构成了整个世界。

并用其巨大的树枝保护着这些灵魂。白蜡树照顾这些还在胚胎阶段的灵魂，当它们准备好时，将它们投胎到这个世界上。

印度教的信徒认为树木在植物界拥有最高的地位，带有灵性的光环。在印度的许多地方，信徒们把树木装饰成五颜六色，并献上大米作为供品。

凯尔特人认识到了他们的白蜡树（拉丁学名*Fraxinus excelsior*，欧洲白蜡树）的神性，它高耸于橡树的树冠之上，表面有裂纹的深色树干直插云霄。树上干燥翅果的沙沙声吸引了觅食的鸣禽。夜莺在它的树枝上展喉放歌。在那种细雨蒙蒙的潮湿气候中，白蜡树林更是显得与众不同。即使是刚砍下的仍然青绿的木材，它也能点燃，因为这种树从心材到嫩枝其纤维都富含油脂。白蜡树和泥炭放在一起则是一种再自然不过的结合，为凯尔特的火炉带来了温暖。

凯尔特人玩一种独特的游戏，叫作（爱尔兰式）曲棍球，用的是白蜡树球棍。我来自一个曲棍球世家，其中一些人很有名。我舅舅帕特里克在他打曲棍球的时候被称为洛基·多诺休，他有着庞大的粉丝群，打球时跑得像火箭一样快。然而我记得的是他告诉我一些非常有趣的关于这项运动和所有体育运动的事情。他说，对民主最大的威胁是街角上那些失魂落魄、无所事事的青年男子，他们是冲突的导火索。古代凯尔特人利用体育活动来引导年轻人，考验他们的气概，抑制他们好战的情绪。

凯尔特的大诗人、学者和智者们对白蜡树的推崇并不令人意外。他们赞美白蜡树矗立在景观中的高贵身姿，也崇敬它通过剧烈而迅疾的曲棍球游戏将他们的文化从上到下联结在一起。曲棍球是一项以荣誉为根本的游戏，与物质财富毫无关系，恰恰相反，比赛选手因他们在胜利中表现出的谦逊态度而备受赞扬。

这棵神圣的白蜡树在欧甘文字中被命名为尼昂（*nion*），并赋予字母N。这个字母由一条垂直线和五条平行水平线组成。

白蜡树可能是德鲁伊医师使用的药物的一种来源。若果真如此，它们也已经随着时间的推移失传了。凯尔特白蜡树和北美白蜡树可能都含有一种类似的名为七叶皂苷（escin）的生物化学物质。这种化学物质可以起到收紧皮肤的外周动脉的作用。美洲原住民使用他们的白蜡树制备狩猎前的药剂。猎人出发前会用白蜡树的成熟树皮煎汤洗净身体，这样他的气味就不会从皮肤上升起，使他即使处在上风向时也不易被猎物察觉。

很有可能，《圣经》中描述的“吗哪”①——以色列人在穿越旷野前往圣地途中所得到的食物——也是来自一种白蜡树。它是开花白蜡树（*Fraxinus ornus*），可以在那种炎热的气候中生长。这棵小而芳香的树与加拿大枫树相似，也富含糖分。这种糖分可以帮助加强耐力，非常适合奔波中的人们。在白蜡树的树皮上割出一道长而垂直的口子就可以提取糖分。从口子上糖分会立即流出，并在切口处逐渐干燥并积聚成一团白色物质。这个“吗哪”中含有四种复杂的糖和一些药物。如今，在意大利南部的卡拉布里亚（Calabria）地区仍然在种植这种树，用于生产一种名为吗哪的食物。在那里，它被视为一种农作物，就像它的表亲橄榄树一样。

① 吗哪（manna），根据《圣经》和《古兰经》，是古代以色列人出埃及时，在四十年的旷野生活中，上帝赐给他们的神奇食物。

O

艾特恩（*Aiteann*）
荆豆（GORSE）

爱尔兰大部分地区的田野都有一场视觉盛宴，尽管在当下这个旅游盛行的时代,似乎只有游客才会注意到盛开的黄色荆豆花。矮小植株的荆豆（*Ulex minor*）是这场盛宴的主角，从 6 月开花到 12 月，9 月达到顶峰。而那种长得高大的荆豆，是一种树枝悬垂的灌木，属于欧洲荆豆（*Ulex europaeus*）。两者都属于豆科，它们的花朵都是明亮的鲜黄色。黄色，尤其是清晨和黄昏时发出荧光的黄色，对传粉者来说非常有吸引力——我们的日常食物就是有赖于传粉者的努力劳动。

荆豆的黄色花朵看起来像灯泡一样纯白无邪，但它的构造却很是复杂。它的形状像啮龙花[①]一样。高大的荆豆植株上开着大花，矮小的植株上开着小花，对蜜蜂来说大小正好合适。高大荆豆比低矮荆豆早开花，因此蜜蜂可以在后者还在沉睡和不产生花

① 啮龙花（snapdragon），又称金鱼草。snap，意为咬，dragon，意为龙，因这种花形如传说中的龙咬合的嘴而得名。

蜜时偷偷收集花粉。这正是蜜蜂需要带回蜂巢的花粉，花粉本身是一种滋补混合剂，以供给蜂巢内不断生长着的蜂后。

在遥远的过去，荆豆也是凯尔特农夫的朋友。这两种灌木几乎对土壤没什么要求，靠没有什么养分的粗粝的碱性沙土和雨水就能茁壮成长。它们与灌木树篱和公地完美地融合到一起，起到分隔田地的作用。在干石墙的墙角下，荆豆花成为季节到来的提示器。花儿早开意味着田地可以早耕种。如果花儿早早怒放后，花期持续时间又很长，那么农夫们则可以期待丰收的到来，这是因为蜂巢里将会充满蜜蜂，农作物所需要的传粉可以被这些蜜蜂轻松地完成。

古代的凯尔特人根据植物学特征在不同类型的荆豆物种之间进行区分。也许这与他们的轮作休耕农业实践和种植富含氮的作物有关。又或者他们知道对每个不同种植地区都需要进行不同的处理。爱尔兰原产的矮小荆豆被称为 *aiteann gaelach*，高大荆豆则被称为 *aiteann gallda*①，意指外来的。虽然这两种荆豆都在爱尔兰生长，但矮小的那种对德鲁伊来说更具神圣的意味。

德鲁伊医师们使用荆豆来制作药物。虽然药方已经失传，但荆豆花蜂蜜仍被视为一种具有治愈功效的蜂蜜，它含有丰富多样的生物化学物质。矮小的物种与较大的物种有着不同的化学特性。它们受到一系列称为赤霉素的植物激素的调控，其中之一是一种出色的生长调节剂，称为赤霉酸，其化学分子的核心结构几乎与人体内的激素调节剂相同。相比于它们高大的兄弟姐妹，具有矮小基因组的荆豆物种是一个能提供更有效药物的宝藏。

① aiteann，gaelach，gallda，均为爱尔兰语。aiteann 意为荆豆，gaelach 意思是爱尔兰的或与盖尔人有关的，gallda 意为外来的、非本土的。

如果矮小荆豆是一种稀有物种，那么它将成为植物界的珍品，进入收藏家的名单。或许，如果它在这个世界不是无处不在，至少会有药品公司早就注意到了它。数千年来，它早已经学会了在特殊的细菌——菜豆根瘤菌（*Rhizopus phaseoli*①）的帮助下，在贫瘠的土壤中生存。这些细菌在根须上形成外生结节，巧妙地固定氮气，并收集后供整棵植物摄取。这种互利共生产生了一个奇迹——凝集素，其分子具有增强版的抗肿瘤效果，并可以在器官和组织移植过程中减少排异反应并诱导免疫耐受。

事实上，两千年前，德鲁伊医师们就是熟练的外科医生。这个事实为罗马帝国所知晓，并被他们记录了下来。德鲁伊医师们在凯尔特世界的许多地方建立了专科医院，“医院”这个词本身就是从古爱尔兰语传下来的。他们使用荆豆花蜂蜜作为天然的皮肤抗菌剂，来治疗战场上受伤战士们的开放性伤口。

在日常生活中，凯尔特人会收集枯死的荆豆树枝，晾干后用作点燃泥炭火的引火燃料。荆豆枯枝具有较低的燃点，能在几分钟内熊熊燃烧。在古代世界，荆豆树枝还被用作可移动的田地边界。它们还为驴和马提供了牧食。

德鲁伊在新的凯尔特字母中将荆豆称为“艾特恩”(*aiteann*)，在欧甘文字母表中赋予它字母 O，其表示形式是一条垂直线与两条水平平行线相交。

随着常见物种变得不常见，也许这种豆科植物真正的药用价值将会被揭示出来。

① Rhizopus phaseoli，拉丁语，是一种在菜豆根瘤中生长的固氮菌，能将空气中的氮转化为植物可利用的氮源，为菜豆提供重要的营养素。

Q

幽勒（*Úll*）

苹果（APPLE）

苹果是爱尔兰古老野树林的一部分。果实呈青色，味苦，是一种又大又难看的野生苹果，比鸡蛋稍大一点。这些小树生长在橡树林的边缘和空地上。人和动物在秋天食用这种水果。而苹果的种子则在潮湿而肥沃的土壤中找到了再生的机会。

没有什么比苹果更容易种植的了。光滑黑亮的种子天生能够轻松地从苹果核的子房胚中滑出。较小的一端比另一端稍尖，使得种子能够顺利“出生”。种子的腹部着地后，其中的氰化物保护种子免受被吃掉的命运。冬天来临时，让种子的胚芽进入休眠状态。春天的阳光温暖了种子黑色的称为种皮（testa）的外皮，内生化学物质的时钟从此被唤醒并开始滴答作响。小小的苹果种子尖头扎下雪白的根，称为胚根（radicle），然后幼嫩的芽，称为胚芽（plumule）朝着阳光生长，仍然戴着种皮的黑色帽子以保护自身。当这根幼苗从种皮下伸长出来时，两片厚厚的胚叶舒展开来，迎接并拥抱空气，同时挣脱开帽子。就这样，苹果树在短短十六天内诞生了。

苹果对德鲁伊来说很重要，因为苹果花蕾可以喂养蜜蜂。通常，蜂蜜是药物递送[①]的媒介，让药物更容易吞咽。蜂巢蜜本身被认为是一种健康食品，蜂蜜和少量的蜂巢一起被消化。蜂蜜经常被储存在沼泽地等无氧条件下的罐子或盒子中，数千年后被发现的这些蜂蜜依然是绝佳的食物。

在春季，经过第一轮富含蛋白质的花粉采集后，蜜蜂需要花蜜和树脂。工蜂需要花粉来喂养正在产卵的蜂后，以发展蜂群。然后，一旦胚胎开始蜕变成幼嫩的工蜂，它们就需要高能量的液态蜜来保证飞行和觅食的耐力。苹果花蕾正好填补了这个春季时期的养料缺口。食物供应必须在恰到好处的时间到来，否则蜂群将因为饥饿而变得弱不禁风。

苹果树向蜜蜂发出一种化学反应信号。工蜂侦查到这种气味的来源，并尝了尝以感知其化学物质的成分[②]。然后它们在蜂巢内开始跳起舞，为其同伴指明方向，让它们因此可以找到苹果树所在的地方。苹果花朵这时已经盛开。每个花蕾展露出五片淡粉色花瓣，花瓣伸展开来露出花蜜。蜂巢于是充满了金色的蜂蜜，蜜蜂也就有了足够的气力在整个生长季节对农田作物进行异花授粉。

苹果树起到的作用只是古老林地中发生的植物间一系列连锁反应的一部分。以苹果花蜜为食长大的工蜂变得身强力壮，可以飞得更远。它们飞到橡树林中，在那里，它们发现了像保护性

① 药物递送（drug delivery），或称药物输送，指将药物化合物输送至人体目标部位或靶器官以实现所需治疗效果的方法。

② 蜜蜂的触角、口器和其他身体部位上长有专门的化学感受器，被称为味觉受器或感受毛。这些受器使它们能够检测并对环境中的化学信号做出反应，包括花朵或其他物质的气味和味道，帮助它们确定其性质和适用性。这种品尝过程对于蜜蜂识别潜在食物来源（如花蜜和花粉）并将这一信息传达给蜂巢中的其他成员至关重要。

树胶一样将橡树嫩枝粘住的聚合树脂（polymeric resin）。大多数传粉蜜蜂需要这种树胶来粘涂它们的蜂巢，形成蜂胶；它们用下颚撕下树脂并将其卷成球形以利于在飞行中携带[①]。对于蜜蜂来说，这是非常辛苦的工作。有时候它们会失败，把黑色的蜂胶掉落在蜂巢的着陆板上，而没有送进蜂巢。只有通过共同努力，一群蜜蜂才能存活下来。

凯尔特德鲁伊学者们崇尚蜜蜂的辛勤工作所造就的生命织锦。蜜蜂被认为是大家庭的组成部分。家里有添丁、婚姻、死亡和周年纪念等等这些大事和活动都会向蜜蜂宣布，悲伤也总是会以非语言交流的方式与蜜蜂分享。在普通凯尔特人的农村生活中，那棵瘦弱的野生苹果树被尊为至关重要的圣树。

苹果树（拉丁学名 *Malus pumila*）上的果实苹果也被视为一种圣果（*úll*[②]）。在欧甘文字母表中，*úll* 代表字母 Q，用一条垂直线与向左边划出去的五条等距水平线表示。

在北半球，包括北美、欧洲和西亚在内，有二十五个野生苹果物种，包括苹果和酸苹果（又称野山楂）。它们现在都很稀少，其中一些甚至处于濒危状态。它们是蔷薇科的成员，对于传粉昆虫的喂养和健康非常重要。世界范围内粮食作物的生产在很大程度上依赖于这些昆虫和其他传粉者的劳动，它们都曾经受到过布列汉法的保护。

德鲁伊医师将苹果用于多种药用目的。但这些知识在近年来已经失传，被一些古老凯尔特家族的后代们给遗忘了，这些家族

① 这是指蜜蜂工作时生产的蜂胶的作用，能够保护蜂巢不受病原体干扰，工蜂飞行时将球状的树脂置入后腿上的“篮筐”里，以减轻风的阻力，加强飞行时的稳定性。
② úll，爱尔兰语“苹果”，来自古代爱尔兰语 uball，ubull。

曾经代代相传那些处方，并免费传布，甚至在处于爱尔兰被占领时的宗教迫害法律下，他们都秘密地进行这些传布——要知道那个时候甚至连拥有一些种子都是被禁止的。

苹果在德鲁伊医师眼中也被视为一种常见的健康食物，人们应该养成吃苹果的习惯，就像要吃鱼，要去森林中进行“森林浴”，还有在一年中某些特定时候接受大海和海藻的滋养。这些做法被认为能加强身体的平衡，恢复健康。另外，苹果皮中确实含有一种看不见的药物——类似蜡质的防水层，它使苹果在树上得以生长和膨胀，直到秋天被脱落酸这种植物激素切断根茎，掉落地上。

当我们食用苹果皮时，其中的一种成分会在胃酸中溶解，并进入我们肠道中的细菌栖息地，起到重要的乳化剂作用。这有助于促进肠道中庞大的细菌群发挥其作用，帮助分解食物并为菌群提供能量，从而促进消化系统的整体健康。现在人们已经认识到，肠道的健康在维持个体的整体健康方面起着关键作用，这一点得益于那毫不起眼的苹果皮。

自童年起苹果就让我着迷。我还记得有一次与朋友玛丽和马乔丽两个人一起在她们的阁楼上玩捉迷藏。我跨出去站在窗台上，离下面的石头庭院约四十英尺高，我注意到下面不远处有一层屋顶。我小心翼翼地爬下去躲到那个屋顶上，在那儿我发现一个装满土壤的大铁罐，中间有一根小小的枝条生长着，没有叶子，只有芽。它在寒冷的灰色板瓦上显得非常孤单。后来，我问朋友的母亲那罐子里是什么植物。她告诉我那是一棵小苹果树，她从她爱尔兰乡村自家农场里长的树上取了一颗种子。这棵小树一直留在了一个女人的记忆中，成为了她不能忘却的对象，她要培植它，因为它连接了她的过去。这棵树其实一点也不孤单。

R

鲁伊斯（*Ruis*）
接骨木 （ELDER）

罗马人认为凯尔特女性，尤其是那些拥有耀眼的红头发和闪烁的绿眼睛的女性，根本不知道何为行为得体。她们不会像忠诚的妻子、情人或女儿那样柔情款款。她们有学识，但那被罗马人认为是一种耻辱。她们甚至会带领男性在战场上厮杀。有传言说，她们生下孩子的过程只是一刹那的事儿。还有，罗马入侵者没法不注意到的一点是，她们中的很多人都非常美丽，是真正的美人。其美貌的一个来源之一是一棵小树——实际上是一丛丛的高灌木——它们生长在河流和小溪边的肥沃湿土中，并通过地下吸根纵横交错地连接在一起。在晚春或初夏，会出现一穗穗白色的花朵，每朵都像一个在大头针上平衡摇曳的薄煎饼。然后，不经意间，这些花朵变成了沉沉的紫黑色浆果，成熟果实的重量几乎把树枝压弯到地面。古代凯尔特人因其果实重量而将这种树命名为 *trom*①，

① trom，古爱尔兰语，意为沉重。

即“承重树”。

这种小树就是接骨木，拉丁学名为 *Sambucus nigra*，它结的黑色果实就是接骨木莓。全世界大约有二十个与之相关的品种，其中一些生长在亚热带地区。它们都是有毒的，有些品种毒性更强。几千年来，接骨木一直被用作化妆品。埃及的女性就用它来美容。

凯尔特女人保持美丽的秘方之一来自于接骨木那芳香细腻的白色花朵。这种树含有一种非凡的油、黏液和一些复杂的树脂，混合在一起形成了一种面部清洁产品，自古以来一直是美容护理的法宝。它可以增强和保护皮肤下面的微毛细血管网络，从而促进血液循环。使用这种面部清洗产品可以减少鱼尾纹，使皮肤变得光滑，恢复青春。

此外，还有眼睛闪烁发光的秘密。古代凯尔特人须每日辛勤劳作才能挣到面包吃。冬天白日短暂，每一缕阳光都显得珍贵，所以他们要在黑暗降临之前完成手头上的工作。将接骨木莓煮成粥或用来榨取果汁，其中含有一种复杂的糖类物质，称为接骨醇，有助于眼睛适应黑暗环境，那些食用接骨木浆果的人于是即便在黑暗中也可以眼神明亮。接骨木莓至今仍被用于治疗夜盲症。

关于接骨木，有一点很特殊的是，除了新鲜或干燥的花朵和煮熟的黑色果实外，这种植物的所有部分都是有毒的。新鲜或干燥的花朵、果实、根和叶子，包括树皮，连同枝条的木髓[①]，都可当作药物使用。在过去，白色的接骨木花朵被放入到薄荷花草茶中，这是治疗感冒的首选饮品。使用接骨木的各个部分与其他

① 木髓（pith），由一群贮存及输送养分的薄壁细胞所组成的柔软海绵状组织。

草药混合在一起制成的凯尔特处方已经失传，但可以通过现代生物化学和野生品种的接骨木进行重构。

由古人的智慧所激发的创新对我们的未来可能至关重要，尤其是在这个超级病菌时代。北美原住民易洛魁人曾经用接骨木花泡的水来擦拭他们的新生婴儿全身，除了眼睛、耳朵和鼻子外。然后用新挤出的母乳擦洗婴儿，因为母乳天然无菌，对新生儿皮肤具有防护作用。

还有关于接骨木是一种神奇物种的故事。其神奇之处总是体现在药物之用上。另外，过去的人们相信一些精灵生活在这棵小树的怀抱里。所以，他们从来不用接骨木燃烧篝火，怕火焰会烧伤栖居在树中的精灵们的灵魂。

凯尔特世界的黑色接骨木莓在欧甘文神圣树木字母表中处于重要地位。它被赋予了字母 R，称为鲁伊斯（*ruis*）。在欧甘文的石碑上，字母 R 由一条垂直线，五条向左上倾斜的平行线穿过垂直线组成。

作为布列汉文化的被呵护者和受益者，我被赋予了凯尔特女性所能拥有的威望，这是很值得骄傲的。同时我被告知，对于自己将要成长为的那个人，要给与爱和尊重。通过播撒善行和勇气，我将收获自己想要拥有的禀赋，我的内心在一生中将坦荡真实地面对这个世界。

熟悉凯尔特文化的长者们教导我一个特殊词汇的含义，那就是“布恰斯”（*buíochas*[①]）。我能够找到的最好的翻译是“温柔的感激之情”。在每个人的内心应该充满“布恰斯”，就像一个装满了的杯子。“布恰斯”也是一种自我保护。在你心里，你

① buíochas，爱尔兰语，意为致谢、感恩。

应该对生活中发生的一切，以及所有触动你的小事怀抱感激之情。“布恰斯”的感觉就像是一种治愈心灵的药物，它让你的生活保持完整。古语说，*buíochas le Dia*[1]，感谢上苍，其实这是在提醒人类这个大家族，生命本身是最伟大的礼物，因此应该珍视自己和所有其他生命。

① buíochas le Dia，爱尔兰语，意为感谢上苍。

S

萨利（*Sailí*）
柳树（WILLOW）

对凯尔特人来说，有一种床最重要。不是婚床，因为根据传统法律，婚床可以通过离婚——只要妻子点头——重新制作。不，不是婚床。它是柳床（*an saileán*[①]），一种由柳树枝制成的床，冬天光秃秃的，春天明亮耀眼，在初夏时节正好使用。

每个凯尔特家庭都使用这种柳床。柳树代表一种通用制造材料，其可弯曲的枝条——称为柳条（sally rods），根据其大小可用于制作坚固的多用途的篮子和背篓。从沼泽中搬运冬天的泥炭燃料，用的就是搭在驴背上的柳木驮篓。较细的柳枝被用作地板刷和家庭清扫用刷子。

柳树还提供一种重要的止痛药，并为粗麻布和羊毛提供玫瑰色的染料。在必要时，它可以用作动物的垫床和牛群的栅栏。随便编织几下，柳条就可以做成护栏，用来保护蔬菜。

① an saileán，爱尔兰语，用柳树枝制成的床。柳床在凯尔特文化中很常见，主要在初夏时节使用，人们相信柳床具有治疗作用，有助于睡眠、放松和精神净化。

家禽也受益于柳树。细绿色的柳枝，称为柳条棍（*osier sticks*），可以编织成宽大的产蛋篮，篮子顶部非常坚固，供母鸡当梯子用。鸡舍或马厩中的产蛋和孵蛋母鸡都可以使用这些篮子。用柳枝编织的篮筐有很多空隙，这样的结构可以让母鸡在忙于产蛋或孵蛋时,其羽毛可以在一个温暖的封闭空间中自由呼吸，同时可以减少螨虫的产生，为母鸡在一天中较为脆弱的时段内提升安全感。

我记得曾经看我的舅公丹尼为家里编织柳条篮子。他嘴里衔着的烟斗似乎随着他的手和嘴里哼唱的曲子在移动——哼着的曲子有时候会变成一首古老的爱尔兰歌曲。他会对我说："小姑娘（*cailín*[①]），仔细看我是怎么做的。"我于是靠近他，弗吉尼亚烟草的味道钻进了我的鼻子。在他的手下，柳条一根一根编织在一起，缠绕在竖着的框架上，篮子如同变戏法一样一点点显现出来。然后他双手紧紧握在一起，弯曲和安装较大的柳条，直到他满意为止，最终把篮子的顶部编织到位。整个过程从无到有，从一根根简单的柳条变成一个美丽的篮筐，如此魔术般的过程真是让人叹为观止。他双手缠绕柳条时，我还能闻到树皮的刺鼻酸味。完成一个篮子后，他总是把它像一个奖杯那样高高举起，并挥舞着向世界展示这个新事物。然后他在背心口袋里翻找烟草块。他是古老接骨技术的最后一位传承者。当时我们都没有意识到传统是如此脆弱。

柳树是古代世界自然景观的一部分。人们有需要时，会收割像柳树这样的野生植物，但他们从不会乱砍滥伐，确保可持续使用的余地。从共有的部落花园中拿取东西，要遵循一个古老的

① cailín，爱尔兰语，意为小姑娘，用以称呼未结婚的女孩。

原则，那就是，总是要保留足够的资源供给未来的第七代人——北美的原住民民族也奉行同样的原则。

德鲁伊医师，无论男女，都知道柳树在缓解疼痛方面的价值。这在古代世界是众所周知的。这些治疗方法非常复杂，涉及到许多多年生草药，这些草药被从森林土壤和某些林地采集而来，有些林地已经不复存在。因此，其中大部分复杂的疗法已经失传。然而，使用柳树物种缓解疼痛的做法在世界范围内广泛流传。

居住在北美呈圆弧形的北方森林带里的原住民，以及西喜马拉雅山高海拔地区的居民仍然在充分利用各种柳树物种。许多原住民民族将这些知识隐藏起来，以保护他们古老传统最后的宝藏。从柳树中可寻找可靠且无毒的缓解风湿病、关节炎和骨关节炎的方法，对于现在的老年人来说，这仍然非常重要。

全球约有三百个柳树品种，它们都含有一系列相关的药用成分，被称为水杨酸。这些成分大约有十几种生化组分，包括酸、醇和酯。它们都可以迅速释放到体内和周围进行吸收，这也是北美原住民中的一些人进行森林浴疗法的基础，用以治疗孤独和轻度抑郁。病人坐在柳树林中，最好是靠近流动的水。在白天，柳树释放的化学物质通过病人的皮肤和肺部被吸收，然后在整个身体中散播。

凯尔特人敬重柳树，将其置于他们文明的神坛之上。它在欧甘文字母中被赋予字母 S，被称为“萨利”（*sailí*），由一条竖线和右边四条水平平行线组成。

在河流和湖泊旁种植柳树形成的景观有一个专有的名称 *saileán*，意指柳树庭园。布列汉法把这些庭园视为凯尔特人共有财产的一部分。当一个农夫收割了河边或湖边的柳树时，一个柳条篮子或大肩筐会出现在邻居的门口或门帘边,以表达感激之情。这种交换和互惠的仪式并不会让人感到意外。当一个篮子不请自来，且通常是装满了夏季黄油或黑锅面包，它一整天都会被放在厨房的桌子上，吸引着欣赏的目光。

T

榑妮（*Tinne*）
冬青（HOLLY）

凯尔特人将红色和绿色旗帜骄傲地飘扬在他们文明的桅杆上。绿色不是来自那些小块田野里的田园色调，而是他们最珍贵、最神圣的森林中那骄傲和高贵的常青色。红色是鲜血的深红色，来自于战场，或者是经期和分娩时从子宫中流出的鲜血——是生与死之间的液态纽带，就像是脐带，连接着母亲与刚出生的孩子。

我是作为一个凯尔特人遇见这棵冬青树的。利辛斯那个农舍东边的卧室是我在圣诞季的住处。我的床垫是新鲜大麦秸秆铺就的，感觉像是覆盖着白色亚麻床单的云朵。这是我嘎吱作响的天堂。当夜晚的墨色降临，星光洗刷着我的窗户，夜莺在紧挨着屋子的冬青树上开始歌唱。这绵延的音乐之河在早晨消失，那时冬青树回到了阳光照耀下的寂静中。

我的冬青是一棵古老的树，我密切观察着它。春天里，太阳的高度逐渐攀升，冬青树察觉到了；雌树用芬芳的白花装点自己，而雄树则闪耀着花粉的光芒。温暖的夏天，绿叶下隐藏着一串串浆果。随着太阳高度降低，退下地平线，日子变短，冬青捧出了其成熟的红浆果，以庆祝冬至节（*nollaig*），如今这个节日被基督教世界借用为圣诞节。

凯尔特人奉为神圣的冬青树只是全球四百种冬青树中的一种。他们的冬青属于普通冬青树（拉丁学名 *Ilex aquifolium*），这种树分布范围很广，从欧洲到中国都有。其他物种，如北美和南美洲的冬青树，在冬季叶子掉落，成为落叶树。只要是自然界中存在冬青的地方，冬青树都因其药用价值而受到那里的传统文化的追捧。其中一些传统用途保留至今，比如南美洲人最爱的饮料马黛茶（*maté*），也被称为耶稣会修士茶①。

德鲁伊医师对冬青的治愈作用非常了解，此树也因此被称为“圣树”(holy tce)②。他们使用带有完整末端刺的成熟叶子制成的茶剂作为滋补品。它还可用作一种非常温和的利尿剂。这种茶剂被用于降低支气管炎引起的高烧，并用于治疗风湿病。

近年来，来自实验室的分析揭示了冬青的秘密。其滋补作用应来自于这种植物保护血管系统中毛细血管的完整性的能力，它可以改善毛细血管的运动和扩张，为身体提供营养和氧气。

另一种令人惊叹的药物是从成熟的冬青木中提取的。栖息在树木输送管道内的空气中的常驻真菌制造了这种药物。内源真菌分泌出化合物以保持树木的健康，而现在这棵树则奉献了这种药物，为癌症治疗提供了新的疗法，目前这一疗法正处于探索中。

---

① maté，来自西班牙语，将冬青叶片浸泡在热水中所泡出来的茶汤称为马黛茶。居住在现在的巴拉圭、巴西东南部、阿根廷、玻利维亚、乌拉圭的瓜拉尼人最先饮用马黛茶。17 世纪，耶稣会修士逐渐习惯于饮用马黛茶，并大规模推广，从而此茶饮得名耶稣会修士茶。
② 冬青的英文名字是 holly，发音与词形接近 holy（神圣）。

德鲁伊学者将他们神圣的冬青称为“梯妮”（*tinne*）[1]，在欧甘文字母中代表字母“T”。它由一条垂直线和左边三条等距平行线表示。该字母被刻在桦树皮魔杖上，然后刻在石头上，这些石头经受住了时间的考验。

凯尔特人的圣诞节使用冬青树枝，这个传统已经延续了数千年。在12月中旬，选择有浆果均匀分布的雌性冬青树枝，采集后带进室内进行装饰，挂在壁炉上面。常常悬挂在一起的还会有常春藤。到了1月6日的小圣诞节（也被称为爱尔兰圣诞节），冬青树枝已经干燥。在整个季节中，这种装饰释放出有益于健康的气溶胶，弥漫在家里的空气中。没有人会察觉这个植物正在默默工作中。或许，除了冬青自己。

① 在凯尔特传统中，tinne也表示7月10日到8月6日这段时间。在这个时间段里出生的人会吉星高照，也具有耐心和善意的品质，他们珍爱的植物是holly（冬青）。

U

乌尔（*Úr*）

石南（HEATHER）[1]

石南丛生的荒野是地球上古老森林系统的土壤中保存的最后记忆。被称为石南（盖尔语为*fraoch*）的植物，有着铃铛般的小花钟，在荒野上生长，享受着清新的空气和排水良好的土壤。这种土壤由砂砾和泥炭混合而成,也是找寻古老时代的线索之一。砂砾来自冰河时代对岩石的冲刷,泥炭腐殖土则是拜树木的恩赐。

凯尔特人了解这种景观，这里充满了在高空飞翔的鸟类和更靠近地面的野禽。蝴蝶和昆虫在这片花的海洋中繁衍生息，花海延伸着地平线，看起来似与天融为一体。很久以前，德鲁伊学者手指这片荒野，给它取了一个名字——“乌尔”（*úr*），意思是任何一切新鲜的、绿色的和刚更新的事物。这个词后来也用来表示自由、宽容和慷慨。石南丛生的荒野，*úr*，对每一个无论是人还是动物而言，都是一片慷慨给予的土地，。

① 石南（heather），杜鹃花科，叶常绿，产于欧洲山地，有别于蔷薇科、开白色花的石楠（photinia）。

这片荒野之地的植物主体由一群非常特殊的植物——石南——构成，它们喜欢柠檬汁一样酸性的土壤。这些植物贴近地面，带着森林叶子的深绿色。随着白昼的延长，它们开始开花。各色各样的花朵，从紫色和粉红色过渡到雾蒙蒙的淡紫色，涌现在野地上，令人惊叹不已。花朵都是铃铛般的模样。首先开花的是帚石南（拉丁学名 *Calluna vulgaris*），然后是欧石南，比如枞枝欧石南（拉丁学名 *Erica cinerea*）和沼泽欧石南（拉丁学名 *Erica tetralix*）。还有更多其他种类的石南在世界各地的荒野上绽放。

有时，在石南家族中会发生杂交：某一组基因在婚配吸引的过程中发生变化，其结果是诞生出了白花。这些变异的白色石南几乎和母鸡的牙齿一样稀有。尽管所有的石南都被认为是好运的象征，但如果将白石南花作为礼物赠送给他人，那个人将被认为获得了一份特殊幸运的礼物，这意味着他生活的轨迹有可能会因此改变，鸿运当头。

我只见过一次白石南。那是在安大略省小镇斯彭斯维尔（Spencerville）的一家古董店里闲逛时，我注意到一本旧书，破损得很厉害，皮革封面已经褪色，有划痕和撕破的痕迹。我打开书，原来是一本用古老风格书写的盖尔语《圣经》。拥有这本书的家庭及其几代子孙用一大束干燥的白色石南花压在扉页上，作为装饰。有着这样装饰的书只能来自苏格兰的高地。

散居在世界各地的苏格兰人和爱尔兰人知道这样一束石南花的含义。在他们的老家，或者是他们的出生地，那是一种气象标志。在温暖而阳光明媚的日子里，从石南生长的土地上会升起一片薄雾，它其实是因石南开花造成的。这层薄雾整个儿笼罩着山脉和山丘，以至于对人来说，山丘看起来似乎在向后隐去，离得很远。而这样一种现象总是被视为天气转好的迹象。

相反，如果山丘看起来更近、更清晰，则预示着可能会下雨，或者是恶劣天气的到来。数千年来，凯尔特世界中农夫和渔民一直在使用石南花作为气象标志。现在我们知道，石南花形成的薄雾是由熊果苷和甲基熊果苷组成的气溶胶蒸汽造成的。

德鲁伊医师们了解石南的药用效果。在治愈肺部疾病的最后一个阶段，或者在得了流感和支气管炎后帮助恢复呼吸肌的弹性时，他们开出的处方就是让病人在石南花盛开时在石南丛生的荒野上走长长的一段路，呼吸新鲜空气。行走的人们会压碎植物落叶的角质层，释放出有益的气溶胶。这些气溶胶被裹挟在大气中，通过呼吸进入人体内。气溶胶混合物覆盖在肺部，有助于它们的康复。这是一种有益于身体的大气浴。

现代医药生物化学的研究提供了关于石南药用价值的答案。欧石南科的植物，包括北美洲、欧洲和亚洲的浆果鹃树，其铃铛状花朵在子房基部会产生一种花蜜。这种富含糖分的花蜜内含熊果苷，这是石南科植物携带的标志性化学物质。熊果苷是许多北美和其他地方传统药物中的基础化学物质，具有抗生素作用。甲基化的熊果苷，一种更易变的生化物质同时也产生出来。像其他许多活性药物一样，熊果苷在大量摄入时可能具有毒性，但大自然在大气中提供的稀释因子创造了恰好适合治疗的正确比例。

此外，德鲁伊医师们在深红色的石南蜜中看到了药用价值，这种蜜来自于在石南荒野中采蜜的蜜蜂蜂巢。在田野中，大黄蜂首先光顾石南花钟。它们攻击外层花瓣，在子房基部附近钻一个小洞。然后蜜蜂接手，利用这个便利的洞口抽取花蜜。它们将花蜜运回蜂巢，储存在一个单独的区域中，并将其提炼成一种有着极高黏度和浓度的蜜。这种蜜几乎是固体的，与蜜蜂从石南荒野上采集的树脂差不多。石南花蜜也可以单独用来治疗喉咙痛和感冒。

在遥远的过去，德鲁伊学者们指着他们脚下那片神圣的土地，那石南丛生的荒野，于是有了乌尔（*úr*）之称。这也是他们自由的田野，他们的 *saoirse*[①]，对凯尔特文化来说尤其珍贵。他们在欧甘文字母中使用字母 U 来指代 *úr*，它承载了凯尔特人心中一切重要的事物。

---

① saoirse，爱尔兰盖尔语，含有自由之义。参见第十章。

Z

斯特拉福（*Straif*）
黑刺李（BLACKTHORN）

那位手持龙头拐杖的男人来的时候总是要说谈婚论嫁的事儿。他缓慢地走近农庄，仿佛脑子里正在思考一些沉重的事情。他的目光扫向各处，寻找优良的品质、得体的行为，小牛身上是否有光泽的皮毛，以及布列汉法所规定的待客之道被遵守到什么程度。他的目光扫过田地，经验会告诉他土地品质的优劣。在凯尔特世界中，土地即是一切。

这个人就是媒人，称为巴夫多尔（*babhdóir*[①]）。我还是个孩子的时候，第一个媒人来到利辛斯农舍时，他整个儿把我吓住了。他长得像一头金发的大熊，但手里拿着一根传统的希勒里拐杖[②]。我被叫到客厅坐着。我听到了争论声。我离开客厅，悄悄溜到厨房门口，听到有关我的家世的事儿被一件一件地说出来，

---

① babhdóir，爱尔兰盖尔语，意为媒人。
② 希勒里拐杖（shillelagh），一种木制拐杖和棍棒，通常由黑刺李木或橡木制成，顶部有一个大的球状拐杖头。后来由于橡木在爱尔兰变得越来越稀少，希勒里拐杖就用以特指黑刺李木拐杖。它常与爱尔兰和爱尔兰民间传说有关。

就像一首诗被背诵出来那样。我的姑婆娜莉毫不含糊地告诉巴夫多尔，婚姻对我来说根本就没有考虑过。我还没有完成布列汉监护期。我将接受教育，并且教育的持续时间将很长。我此后再也没有见过那个金发的巴夫多尔，也没有人会再次提起那个阳光明媚的下午，当时为了接待这个手持希勒里拐杖的男人，几只瓷茶杯被端了出来，放在古老的爱尔兰亚麻布上，茶杯里面漂浮着红茶茶叶。

当然，随着男孩子和女孩子长大成人，他们必然会考虑到婚姻。有时候，婚礼是爱情水到渠成的结果，而有时则不是。但无论如何，婚礼的顺利进行总是要经过妥当的安排，因为家族关系在这里很重要。双方都必须同意。在大家族里，对新郎和新娘的品德会有很多议论，双方父母自然也会对此倍加关注。然后是安排会面，商讨嫁妆彩礼。

嫁妆彩礼是婚前商定的，并且巴夫多尔始终掌握着协议的谈判进程。嫁妆的物品以及双方的技能就是新娘和新郎在其新家里会拥有的财富。掰开指头数一数，那就是土地、牲畜、金钱或其他物品。一个女人可以像男人一样自信地主动提出求婚。

作为媒人的巴夫多尔一般是村子里受人尊敬的人物，而且是可信任的，必要时他能够保持沉默，不在办事过程中向公众透露任何关于双方家庭的秘密。当他走进厨房时，他会把龙头拐杖放在桌子上，让全家人都知道他的来意。如果出现了这根拐杖被忽视的情况，尽管这种忽视的行为很温和，并且表现得小心翼翼，那也意味着有其他的求婚提议正在考虑中，他必须要耐心等待，等到被告知的那一刻。有时，当事人会拿起拐杖并将其靠在墙上，无需多说，这就表示了他们对婚姻有兴趣，按照习俗，在场的每一个人对巴夫多尔的到来都心生欢喜。

对于凯尔特人来说，婚姻是一项与土地保护紧密相关的契约。土地是社区得以存在的命脉。人们对婚姻之所以那么重视，是因为联姻给两个家族都带来了相关的义务，称为“高尔”（*gaol*[①]）。婚姻巩固了整个社区，将家庭内个人之间的支持模式编织进了布列汉法确定的好客之道的框架内。当然，如果有必要，离婚也是可能的。

媒人还有一个微妙的事儿需要考虑，即种群血统，这被称为“波尔”（*pór*）。凯尔特人非常注重种群血统，无论是种子、苹果、牛、狗，还是马。他们尽其可能精心匹配家族血统的特征，这包括智慧、勤奋、工艺技能、记忆力、口才以及解决心智谜题所需的数学能力，这些在家族传承的特征里都占有重要位置。他们也非常注重培养和保护他们的文明中那些闪耀的指明灯，特别是文学、诗歌、音乐和艺术等领域的杰出人物和作品。

媒人手里拿的龙头拐杖是从一种在爱尔兰被称之为欧洲刺李的神奇的树木上截取下来制成的。这种小型的多刺树木也被称为黑刺李（拉丁学名 *Prunus spinosa*）。它是传统黑刺李拐杖的来源。这种拐杖也被称为爱尔兰希勒里拐杖，直接来自古爱尔兰语中的“*sailėille*”，意为“大棍子”。这些拐杖曾被牧牛人、媒人使用，也被用作宫廷里敲打出音乐节拍的乐器。它深沉的音调与骨片[②]和筛麦鼓[③]干涩的拍击声混在一起，至今仍然是正宗爱尔兰音

① gaol，爱尔兰盖尔语，有关系之意。
② 骨片（bones），也称为节奏骨片，爱尔兰最古老的民间打击乐器，传统上由羊骨制成，但也可以由木材或其他类似材料制成。
③ 筛麦鼓（bodhrán），在乐界称宝思兰鼓，是爱尔兰音乐中使用的架子鼓，直径从二十五到六十五厘米不等，大多数鼓的直径为三十五到四十五厘米。这个词在爱尔兰盖尔语中的原意是用皮做的托盘，最早时被用来筛麦，也在战场上作军用鼓，用以震慑敌人。

乐的标志。

黑刺李树的土壤必须含有钙质才能产出果实。这些果实一直挂在树上，直到 11 月的凉夜和早霜改变了小黑果实的糖分含量——这才成为徒步旅行者从树篱丛中采摘的食物。同时，果实表面的酵母也开始繁殖，通过果实发酵制作的酒被家家户户的所有人尽情享用。这些果实还可以制作黑刺李金酒[①]。

这种散落在各地的黑刺李树被认定为一种神圣的、神奇的树木，在欧甘文字母表中占有一席之地，代表字母 Z，被称为“斯特拉福”（*straif*[②]），因为它长得歪歪扭扭的，给人一种凌乱的感觉。它的符号为一条垂直线与四条向左上方倾斜的平行线相交。

那些操练魔法的德鲁伊学者非常喜欢这种树。他们把龙头拐杖或爱尔兰希勒里拐杖视为能产生权威的魔杖，在他们实施魔法时使用。

① 金酒（gin），一种用谷物为原料经发酵与蒸馏制造出的中性烈酒为基底，增添以杜松子为主的多种药材与香料调味后，制造出来的西洋蒸馏酒，味道甜美。
② straif 在爱尔兰语中既用来表示欧甘文字母表中的字母 Z，同时也用来描述黑刺李树的外观特征，即分散和杂乱的生长，树枝以不规则的方式扭曲生长。

致　谢

我要感谢我生命中的许多人，是他们使这本书成为可能。在科克郡的利辛斯山谷，他们已经全都离世了。但是他们给予我的一切在我心中留下了巨大的温暖。

我的主要编辑埃文·罗瑟（Evan Rosser），认真倾听我讲述早年生活中的许多创伤，并给予了理解。我对此非常感激。我的出版商安妮·柯林斯（Anne Collins）对文字精雕细琢，把科学完美融入语句中，我对此表示感谢。我的经纪人斯图尔特·伯恩斯坦(Stuart Bernstein),随时恭候给我建议,与我交谈,提供保护——像不像那个警察？

林恩（Lynn）和南希·沃特曼（Nancy Wortman）营造了一个充满欢笑的避风港，还提供茶水，帮助打字。蒂尔曼·刘易斯（Tilman Lewis）是一位令人印象深刻的文字编辑，我还要向本书封面设计者丽萨·贾格尔（Lisa Jager）表达我深深的感激。

我的孩子们，埃里卡（Erika）和特里（Terry），用他们的爱和信心激励着我。我要特别感谢我的丈夫克里斯蒂安·克勒格尔，他给予了我永不消退的支持。

译后记

这是一趟旅行，穿行于植物王国的旅行。眼前出现了火红的漆树、金黄色的荆豆、随风飘逸的柳条，而脚下踏着的则是桤木铺成的大路，可忽而又进入一片荒野，大片大片的石南覆盖着苍茫大地，不远处可见山丘上的一丛丛山楂，小红果子甘甜，而边上的黑莓也正处于旺盛之期，伸手摘下一串串黑莓果，扔进嘴里，顿感爽意无比。

又像是坐着小火车穿行在森林里，一群群、一簇簇、一片片、一批批的树木、花草、灌丛、篱笆在身边缓慢移动，无边无际。在这里无需费劲去讴歌自然，因为你就是自然的一部分。

但你必须知道自然给予的恩赐。在松树林中漫步可以增加免疫力，榛树不仅可供食用，还可用作抗癌的有力武器，柳树可用作重要的止疼药。最平常不过的苹果，在你一口咬下去时，可不要忘了连同皮一起吃下，因为苹果皮可帮助维护消化系统的健康。而山核桃和橡树则是最好的碳汇物种之一。

翻译完这本书，成就了半个植物学家。可是，这不只是一本可以学到相关植物知识的书，从书本的缝隙里透露出来的还有那神奇的往事与那一股子精神。作者讲述的生平让人感佩，从一个贵族子弟到一介平民间的变化，其中蕴藏了多少人间的不幸与悲凉。但她又是幸运的，古老爱尔兰凯尔特文化最后一个时期，她有幸在走向成年时与其相遇，成为了一个继承者和传道者。她对凯尔特文化的那份虔敬，相信会打动每一个读者。

同样会打动读者的还有她对大自然的虔敬。人与自然的和谐的观念不只是她作为一个科学家的认知，更是她的行为所体现出来的一份坚韧。为了这种和谐，亲力亲为的她融科学知识与古老神话于一体，挖掘出了大自然中最为亲近、最让人动容的一面，让每一个普通人感受到了来自自然的智慧与力量。而所有这一切也都体现了作者为正义而战的勇敢精神，“你们这样做等于是种族灭绝”，她对那些森林砍伐者的警告会回响在每一个人的耳中。

在不知不觉中，对身边的花花草草、一树一木多了一分关注，会时时投去深情的一瞥。感谢黛安娜，感谢她的美妙的描述！

本书的翻译过程也是一次旅行，一次查询、核对、学习、翻阅的旅行过程。感谢我们处在互联网时代，太多的问题、太多的知识、太多的疑惑，如果没有互联网的帮助，恐怕难以想象有解决之道。当然，这个解决过程本身也是充满艰辛的。本书尽管可以算作科普著作，但时不时在段落之间出现一些非常专业的话语，通过反复查询和核对，直到看到比较满意的答案，这个过程中付出的努力，经历的种种辛苦或许本身也可以写成一本有教益的书。

译　者

2023 年 12 月于沪西北野湖庐

参考书目

Barnhart, Robert K. *Chambers Dictionary of Etymology*. London: Chambers Harrap, 1988.

Beresford-Kroeger, Diana. Arboretum America: *A Philosophy of the Forest*. Ann Arbor: University of Michigan Press, 2003.

Beresford-Kroeger, Diana. *Arboretum Borealis: A Lifeline of the Planet.* Ann Arbor: University of Michigan Press, 2010.

Beresford-Kroeger, Diana. *A Garden for Life: The Natural Approach to Designing, Planning and Maintaining a North Temperate Garden.* Ann Arbor: University of Michigan Press, 2004.

Beresford-Kroeger, Diana. *Bioplanning a North Temperate Garden.* Kingston, Ontario: Quarry Press, 1999.

Beresford-Kroeger, Diana. *The Global Forest.* New York: Viking, 2010.

Beresford-Kroeger, Diana. *The Medicine of Trees: The 9th Haig-*

*Brown Memorial Lecture.*Campbell River, British Columbia: Campbell River Community Arts Council, 2018.

Beresford-Kroeger, Diana. *The Sweetness of a Simple Life.* Toronto: Random House Canada, 2013.

Chadwick, Nora. *The Celts.* London: Folio Society, 2001.

Conover, Emily. "New Steps Forward: Quantum Internet Researchers Make Advances in Teleportation and Memory." *Science News*, October 15, 2016, 13.

Conover, Emily. "Emmy Noether's Vision." *Science News*, June 23, 2018, 20-25.

Cross, Eric. *The Tailor and Ansty.* 2nd ed. Cork: Mercier Press, 1964.

Daley, Mary Dowling. *Irish Laws.* San Francisco: Chronicle Books, 1989.

De Bhaldraithe, Tomás. *English-Irish Dictionary.* Dublin: Cahill, 1976.

Ellis, Peter Berresford. *A Brief History of the Celts.* London: Constable and Robinson, 2003.

Fulbright, Dennis W., ed. *A Guide to Nut Tree Culture in North America.* Vol. 1. East Lansing: Northern Nut Growers Association, 2003.

Ginnell, Laurence. *The Brehon Laws: A Legal Handbook.* Milton-Keynes: Lightning Source UK, 2010.

Hamers, Laurel. "Quantum Data Locking Demonstrated: Long Encrypted Message Can Be Sent with Short Decoding

Key." *Science News,* September 17, 2016, 14.

Herity, Michael, and George Egan. *Ireland in Prehistory.* London: Routledge, 1996.

Hillier, Harold. *The Hillier Manual of Trees and Shrubs*. Newtown Abbot, UK: David and Charles Redwood, 1992.

"Hydrological Jurisprudence: Try Me a River." *The Economist*, March 25, 2017, 34.

Jacobson, Roni. "Mother Tongue: Genetic Evidence Fuels Debate over a Root Language's Origin." *Scientific American*, March, 2018, 12–14.

Kotte, D., Li, Q, Shin, W.S. and Michalsen, A. （eds.）. *International Handbook of Forest Therapy.* Newcastle upon Tyne, UK; Cambridge Scholars Publishing, 2019.

Lewis, Walter H. and P.F. Elvin-Lewis. *Medical Botany: Plants affecting Man's Health.* 2nd ed. Toronto: John Wiley and Sons, 2003.

Liberty Hyde Bailey Hortorium. *Hortus Third: A Concise Dictionary of Plants Cultivated in the United States and Canada.* New York: Macmillan, 1976.

Ó Dónaill, Niall. *Foclóir Gaeilge-Béarla.* Dublin: Richview Browne and Nolan, 1977.

Ó'Neil, Maryadele J. *The Merck Index: An Encyclopedia of Chemicals, Drugs, and Biologicals.* 14th ed. Whitehouse Station, NJ: Merck, 2006.

Stuart, Malcolm. *The Encyclopedia of Herbs and Herbalism.* London: Orbix, 1979.

Tree Council of Ireland. *The Ogham Alphabet.* Enfo: Information on the environment, undated.